Hermann Speck

Fünfzig Fälle von Pneumonia Crouposa

Hermann Speck

Fünfzig Fälle von Pneumonia Crouposa

ISBN/EAN: 9783741184598

Hergestellt in Europa, USA, Kanada, Australien, Japan

Cover: Foto ©berggeist007 / pixelio.de

Manufactured and distributed by brebook publishing software
(www.brebook.com)

Hermann Speck

Fünfzig Fälle von Pneumonia Crouposa

Fünfzig Fälle

von

PNEUMONIA CROUPOSA.

INAUGURAL-DISSERTATION,

welche

unter Zustimmung der hochlöblichen medicinischen
Facultät zu Marburg

zur

Erlangung der Docterwürde

in der

Medicin, Chirurgie und Geburtshülfe

einreicht und

am 2. Februar 1870

öffentlich vertheidigen wird

Hermann Speck

aus Hadamar (Nassau).

MARBURG.

Schnellpressendruck von C. L. Pfeil.

Seinem hochverehrten Lehrer

Herrn

Prof. Dr. E. Mannkopff
Director der med. Clinik

als Zeichen aufrichtigster Dankbarkeit

hochachtungsvoll gewidmet

vom

In dem Zeitraum von Juni 1867 bis zum December 1869 wurden in der stationären medicinischen Klinik zu Marburg 50 Fälle von Pneumonia crouposa beobachtet. Die Gesammtzahl aller Erkrankungen in dieser Zeit betrug 905, mithin kommen 5,6 % auf die Pneumonie allein.

Obschon diese Anzahl von Pneumonium eine viel geringere ist, als sie zu gleichem Zweck von andern Autoren benutzt wurde, so glaube ich doch einerseits darin schon hinreichend Material zu besitzen um wenigstens einige interessante klinische Beobachtungen zu finden andererseits auch bei der nicht gerade zu geringen Anzahl der Fälle es nicht unterlassen zu dürfen, dieselben so viel es eben geht zur Statistik zu benutzen.

Dieses beiderseitige Ergebniss nun werde ich der Reihe nach in Bezug auf Aetiologie, Pathologie und Therapie der Pneumonie behandeln.

Was nun zunächst die Aetiologie betrifft, so werden sich bei der statistischen Behandlung ihrer einzelnen Momente mannigfache Hindernisse in den Weg stellen, ich versuche jedoch, um Lücken zu vermeiden, dieselben so gut als möglich zu überwinden.

Auf die einzelnen Jahrgänge waren die Pneumonieen so vertheilt, dass auf die letzte Hälfte des

Jahres	1867	deren	7	oder 3,6 %	auf das
Jahr	1868	„	24	„ 6,8 %	und endlich
auf	1869	„	19	„ 5,4 %	kommen.

1

Ob die verschiedenartige Frequenz in den Jahren 1868 und 1869 eine zufällige ist, oder ob sie von einer grösseren Verbreitung und intensivere Wirksamkeit der die Pneumonie erzeugenden Ursachen abhängt, erlaube ich mir hiernach kaum zu entscheiden.

Die Mortalität von allen Fällen betrug 24 %,*); in den zwei vollständigen Jahrgängen war sie in beiden fast gleich und betrug 21%,; in der zweiten Hälfte des Jahres 1867 starben von sieben Erkrankten allein drei, wodurch die höhere Procentzahl der gesammten Mortalität zu erklären ist **).

Bei Berücksichtigung der Jahreszeiten der beiden vollen Jahre, ergibt sich Folgendes: Auf Herbst und Winter fallen je 34,8 %,, hingegen auf das Frühjahr nur 26 %, Erkrankungen; im Sommer sinkt die Zahl der letzteren auf nur 4,6 %. Eine Erklärung für das stärkere Auftreten der Lungenentzündung im Herbst wie im Frühjahr zu geben, bin ich nicht im Stande. Schwankungen in dieser Weise können jedenfalls vorkommen, bedürfen aber hier, wenn sie von einigem Werth für die Statistik sein sollen, jedenfalls fernerer Bestätigung.

Die Sterblichkeit war am grössten im Herbst und zwar 26,6 %,, weniger hoch im Frühjahr, wo sie 18 % betrug; im Winter fiel sie noch mehr bis auf 13 % und war im Sommer, wo blos zwei Fälle beobachtet wurden gleich Null.

Die Statistik auch auf die einzelnen Monate auszudehnen, ist mir leider aus schon erwähnten Gründen unmöglich.

---

*) Von den zur Behandlung gekommenen dagegen nur 20 %, weil nämlich zwei Individuen schon moribund aufgenommen noch an demselben Tage zu Grunde gingen.

**) Ein anderer Factor, der bedeutend mit zur Erhöhung der Mortalität beitrug, besteht darin, dass in die stationäre medicinische Klinik stets nur schwere Fälle von Pneumonie aufgenommen, während leichtere stets nur poliklinisch behandelt wurden.

Das Geschlecht zeigte in seiner Beziehung zur Pneumonie ein wesentlich verschiedenes Verhalten. Von den 50 Fällen gehören allein 44 dem männlichen und nur 6 dem weiblichen Geschlechte an, was auf 7,3 Pneumonieen des Mannes nur 1 des Weibes machte. Dieses colossale Ueberwiegen des männlichen Geschlechts über das weibliche hatte zum grossen Theil mit seinen Grund darin, dass eben das männliche Geschlecht stets bedeutend stärker in dem Krankenhause vertreten war, wie das weibliche.

Unter den 905 Erkrankten befanden sich 578 oder 64% männliche und nur 327 oder 36% weibliche; dies würde auf 1,8 pneumon. Krankheiten des männlichen Geschlechtes, 1 des weiblichen machen. Werden diese Zahlen mit in Rechnung gezogen, so entsprechen nun 4,5 Pneumonieen der Männer 1 der Weiber.

Hinsichtlich des Alters zerfallen die 50 Fälle folgendermassen auf die einzelnen Jahrzehnte:

	männl.	weibl.	Summa.
1 — 10 Jahre	1	1	2
11 — 20 „	10	2	12
21 — 30 „	11	1	12
31 — 40 „	6	1	7
41 — 50 „	9	1	10
51 — 60 „	5	0	5
61 — 70 „	2	0	2.

Die etwas geringe Zahl im kindlichen Alter darf nicht allein auf ein grösseres Verschontbleiben desselben vor der Pneumonie geschoben werden, sondern muss auch dem Umstande zu Gute gehalten werden, dass namentlich die Aufnahme von Kindern in's Hospital eine sehr beschränkte ist. Aus den übrigen Zahlen ergibt sich ein Ueberschuss von Erkrankungen zu Gunsten des mittleren Lebensalters (10—40 Jahre). Gerade umgekehrt verhält es sich mit der Mortalität, von welcher nachstehende Tabelle eine detaillirte Uebersicht geben soll.

1 *

Es beträgt		die Mortalität
im II. Jahrzehnt (11—20)	. .	8 °/₀
„ III. „	. . . .	16 „
„ IV. „	. . . .	14 „
„ V. „	. . . .	30 „
„ VI. „	. . . .	60 „
„ VII. „	. . . . . . , .	100 „

Aus derselben ist ersichtlich, eine welch' gefährliche Krankheit die Lungenentzündung besonders für das höhere Lebensalter ist, denn während in den drei zuerst erwähnten Decennien auf je 12, 6 und 7 Erkrankungen 1 Todesfall kommt, stirbt im V. Dec. schon von 3 Erkrankten 1, im VI. endet mehr als die Hälfte lethal und endlich im VII. gehört ein Genesen von der Pneumonie schon zu den seltensten Ereignissen.

Ein anderes für die Aetiologie der Pneumonie nicht ganz unwichtiges Moment, bildet die Beschäftigung. Jedenfalls liegt in ihrer Verschiedenartigkeit beim männlichen und weiblichen Geschlecht mit ein Grund zur Erklärung der erhöhten Disposition des ersteren zur Pneumonie. Von den 50 Fällen betraf die Lungenentzündung allein 28 mal Individuen, die sich hauptsächlich mit Feldarbeit und Arbeit auf Tagelohn beschäftigten, worunter 3 Weiber sich befanden; je 4 mal war sie auf Soldaten, Steinbauer und Dienstmägde vertheilt und je 2 mal kam sie auf Schreiner, Schuster, Kellner und Fabrikarbeiter, 1 mal endlich auf einen Zimmermann. Die noch restirenden 2 Fälle gehörten Kindern an. —

Hieraus geht hervor, dass diejenigen Beschäftigungen, die einen längeren Aufenthalt im Freien nothwendig machen und somit die betreffenden Personen den schädlichen Einflüssen der Temperatur- und Witterungsschwankungen exponiren, auch häufiger Veranlassung zur pneumonischen Erkrankung gaben, dass dagegen ein Aufenthalt im Hause, wie er dem Berufe des weiblichen Geschlechtes und den in ihrer

Werkstätte beschäftigten Männern zukommt, weit weniger
den schädlichen Ursachen der Pneumonie aussetzt.

In 4 Fällen finden sich unmittelbar der Krankheit vorausgegangene anamnestische Momente, die zur Stü-
tzung der eben ausgesprochenen Behauptung bedeutend in
Wagschale fallen. In einem Falle nämlich erkrankte Patient,
nachdem er eine ganze Nacht im December 1868 in trun-
kenem Zustande in einem zum Theil mit Wasser gefüllten
Graben zugebracht hatte, am folgenden Tage mit Frost an
Pneumonie.

In einem zweiten hatte sich ein Flurschütz in seinem
Berufe einer totalen Durchnässung des ganzen Körpers mit
nachfolgender starker Erkältung ausgesetzt. Fast auf dem
Fusse folgte eine tödtlich verlaufende Lungenentzündung.
Die beiden andern Fälle ergaben beide unmittelbar der Erkrankung vorausgegangene Durchnässung mit nachfolgender
Erkältung durch starken Zug. — Bei noch zwei andern
Fällen wurde von den betreffenden Patienten die Ursache
ihrer Erkrankung auf eine Erkältung in ihrer feuchten und
zugigen Wohnung geschoben. Ob der Erkrankung ein Wit-
terungswechsel, wodurch der Feuchtigkeitsgrad erhöht und
die Zugluft vermehrt wurde oder ob derselben eine zuneh-
mende Kälte vorhergingen, ist ebensowenig wie ein erhöhtes
Aussetzen diesen Schädlichkeiten gegenüber mit Sicherheit
zu constatiren und desshalb wohl nicht anzunehmen, dass
die sich gleich kalt und gleich feucht gebliebene Wohnung
mit einem Male krankmachend einwirken soll, während sie
längere Zeit vorher einen solchen Einfluss nicht ausübte.

Auf die Körperconstitution scheint die Pneumonie
auch einige Rücksicht zu nehmen. In unseren Fällen waren
der seitherige Gesundheitszustand und die Körperconstitution
bei der Hälfte der befallenen Individuen als durchaus gut
zu bezeichnen. 9mal war der Ernährungszustand der Patienten ein mittelmässiger und 16mal betraf die Pneumonie
meist alte decrepide Individuen. Schon früher an Pneumonie

erkrankt waren von diesen 16 allein 8; von sämmtlichen
übrigen nur 4. Nach dem oben Erwähnten glaube ich mich
zu dem Schlusse berechtigt:

Dass, wenngleich die Pneumonie gerne junge, kräftige,
vollsaftige Personen befällt, sie aber auch andrerseits schlecht
ernährte, herabgekommene und durch mehrfach überstan-
dene Lungenentzündungen gegen dieselben widerstandsloser
gemachte Individuen nicht verschont.

Die Sterblichkeit betrug bei den 16 schlecht Ernährten
43,7 %, bei den früher gesunden und robusten Individuen
16 % und bei denen mit mittelmässiger Constitution nur 10 %.

Nach diesen ätiologischen Bemerkungen gehe ich zur
Pathologie der Pneumonie über, indem ich zunächst
das mehr Allgemeine, wie Sitz, Art des Beginnes und Dauer
der Pneumonie ins Auge fasse und dann die einzelnen Symptome genauer bespreche.

Der Sitz der Pneumonie war in 28 Fällen rechtsseitig, denselben genauer angegeben, vertheilte er sich
folgendermassen auf die einzelnen Lappen: In 15 Fällen
waren gleichzeitig mehrere Lappen afficirt und zwar in
dreien davon alle 3 Lappen (2 endeten lethal), in 10 der
untere und mittlere, wobei die Entzündung von unten her
sich ausbreitete und und in zweien der obere und mittlere
mit von der Spitze ausgehender Erkrankung. In den 13
noch restirenden Fällen hatte die Pneumonie nur immer je
einen Lappen befallen; 8 mal hatte sie ihren Sitz im untern
Lappen, 3 mal im obern und 2 mal war sie auf den mittlern
beschränkt.

In 19 Fällen betraf die pneumonische Affection die linke
Lunge und zwar 3 mal dieselbe in ihrer Totalität ebenso
oft den oberen Lappen und 16 mal war der untere Lappen
allein entzündet.

Eine Pneumonia duplex wurde nur in 3 Fällen, die
sämmtlich lethal endeten, beobachtet; in dem ersten Falle
war sie eine Cruciata mit Entzündung des rechten oberen

und linken unteren Lappens, im zweiten Falle war die in ihrer Totalität ergriffene rechte Lunge mit Erkrankung des linken unteren Lappens complicirt, und endlich drittens waren die beiderseitigen unteren Lappen Sitz der Pneumonie. Die 6 Pneumonieen des weiblichen Geschlechts waren 4 mal auf die rechte und 2 mal auf die linke Seite vertheilt. Sie endeten alle mit Genesung.

Von den 12 mit lethalem Ende verlaufenen Pneumonieen, kommen auf die rechtsseitige Lungenerkrankung 7 oder 25 %, auf die linksseitige nur 2 oder 10,5 %, und die übrigen 3 mit 100 %, auf die Pneumonie double.

Von den rechtsseitig lethal geendeten Pneumonien war 3 mal blos der untere Lappen, in den übrigen 4 aber der bei weitem grösste Theil der Lunge erkrankt; von den linksseitigen betraf die Erkrankung 1 mal den obern und 1 mal den untern Lappen.

Es würde hiernach wohl mit Recht die Pneumonie duplex als prognostisch am ungünstigsten zu bezeichnen sein. In Bezug auf den rechts- oder linksseitigen Sitz der Erkrankung wird die Prognose sich wohl mehr nach der Grösse der Infiltration, wie nach der Localisation des Entzündungsprocesses zu richten haben.

Ueber das Vorkommen der auf die eine oder andere Lunge beschränkten Entzündung in den verschiedenen Lebensalter, ergibt sich ungefähr Folgendes: In den Jahren bis zu 30 kommen rechts- und linksseitige Pneumonien fast gleich oft vor (vielleicht ist ein geringer linksseitiger Ueberschuss bis zum 16. Jahre bemerklich); alsdann scheint die linksseitige Pneumonie seltener und die rechts-, sowie doppelseitige häufiger zu werden.

Den Beginn der Pneumonie bezeichnete in 29 Fällen ein einmaliger Schüttelfrost, der in jedem der Fälle so intensiv war, dass er die Patienten zwang, sofort das Bett aufzusuchen, und dem bald sogleich, bald im Laufe der nächsten 24 Stunden die übrigen Erscheinungen folgten.

In 6 Fällen gingen dem Schüttelfroste bereits Erkran-
kungssymptome voraus, die in Kopfschmerzen, Gefühl von
allgemeinem Unwohlsein, Erbrechen, Stechen auf der Brust
und leichtem Husten bestanden. Trotz dieses schleichenden
Anfanges nahm die Krankheit nach eingetretenem Frost fast
in allen Fällen einen ziemlich raschen Verlauf.

Von diesen mit einem Schüttelfroste entweder direct,
oder indirect nach vorausgegangenen leichten Krankheits-
symptomen, aufgetretenen 35 Erkrankungsfällen, starben 9
oder 25,7 %.

Wiederholtes Frösteln machte in 8 Fällen den Anfang
der Pneumonie, nach welchem in der Mehrzahl der Erkrankungen die übrigen Symptome ziemlich langsam zur
Entwicklung kamen. Diese Art des Anfanges der Pneumonie
ereignete sich namentlich bei solchen Personen, welche den
ersten Frost nicht achtend ihre Arbeit weiter zu verrichten
suchten. Die Lethalität war Null.

Es blieben nun noch 7 Fälle übrig in denen weder ein
Frost, noch auch leichtes wiederholtes Frösteln zu den Anfangssymptomen der Pneumonie zählten. So treten bei 3
schon ältern Individuen plötzlich ohne nachweisbare Ursachen
Stiche in einer Thoraxhälfte auf, welchen bald trockner
quälender Husten folgte. Die physikalische Untersuchung
der Brust ergab in diesem Stadium noch keine Infiltration
einer Lunge. Mit diesen Erscheinungen war stets Appetitlosigkeit, Gefühl allgemeinen Unwohlseins complicirt. Sehr
hohes Fieber, Kopfschmerzen und bald folgende Delirien
hatten sich in einem dieser drei Fälle, der auch lethal endete, rasch auf die ersten Zeichen der Erkrankung entwickelt; bei den beiden übrigen Patienten waren die Fieber-
erscheinungen während der Dauer der Pneumonie nur mässiger Natur.

Ebenfalls ohne irgend eine Andeutung von Frost erkrankte ein 6jähriger Knabe. Seine ersten Klagen bestanden nur in heftigen Schmerzen im Kopfe, dem Leib, später

erst der Brust. Husten ohne Auswurf folgte später. Er-
höhte Temperatur fehlte während des ganzen Verlaufs der
Krankheit.

Zwei Fälle habe ich nun noch zu erwähnen, in denen
ohne irgend welche vorausgegangene Krankheitserscheinungen
plötzlich ein sehr hohes Fieber die Kranken befiel und bald
dem Leben ein Ende machte. Der eine betraf ein altes
decrepides Individuum der gerade in der Klinik an Tic dou-
loureux behandelt wurde. Das hohe Fieber war das einzige
Symptom, das auf eine intensivere acute Erkrankung eines
inneren Organes aufmerksam machte. Die Untersuchung
wiess eine Pneumonie duplex nach, an der Patient schon im
Anfang des zweiten Tages starb. Den andern Fall erlaube
ich mir seines wohl selteneren Vorkommens halber nachstehend mitzutheilen:

Alexander Bürger, 22 J., Jäger bei 11. Bataillon, wurde
am 7. Mai 1867 aufgenommen. Anamnese: Er will früher
Intermittens und 3 mal Lungenentzündung, die letzte
vor 1862 gehabt haben. Seit dieser Zeit will er gesund geblieben sein. Er erkrankte in der Nacht vom 6 — 7. Juni
mit starker Hitze, Husten und Stichen in der linken Seite.
Ein Schüttelfrost, sowie überhaupt jedes Frost-
gefühl wird entschieden in Abrede gestellt.

Status praesens am 7. Juni.

Patient ist kräftig gebaut und gut genährt. Die Haut
etwas feucht normal gefärbt, von sehr hoher Temperatur. —
Kopfschmerzen.

Thorax gut gebaut, die linke Seite bleibt bei tiefen
Respirationen etwas zurück. Respiration costo-abdominell
36 in der Minute.

V. ergibt die physikalische Untersuchung nichts Abnormes; nur l. ist das vesiculäre Athmen eine Spur schwächer
als r.

H. wird der Schall l. von der 8. Rippe an abwärts
kürzer wie r. und zeigt leicht tympanitischen Beiklang. Aus-

cultation ergibt: H. vesiculäres Athmen, l. schwächer wie r.;
über der gedämpften Partie kein Athmen, nur feinblasiges
Rasseln.

Circulationsapparat, sowie das Abdomen und seine Organe bieten keine wesentliche Veränderung.

Medicat: Curcurb. cruent XII.
Tart. stib. gr. VI.
Aq. dest. Unc. VI.
Mds. 2 stdl. 1 Essl.

Temp.: 40,9. — Puls: 136.

8. Juni Morgens. In der Nacht etwas Schlaf. Zweimal
Erbrechen und einige dünne Stuhlgänge. Husten gering,
Sputum spärlich, zähschleimig mit Blutstreifen. P. sieht an-
gegriffen aus. Stiche in der l. Seite nur bei sehr tiefer Inspiration. Percussion wie gestern. Auscultation ergibt an
Stelle des feinblasigen Rasselns, mittelgrossblasige, catarrha-
lische Geräusche.

Temp.: 40,7. — Puls: 139.

Medicat: Inf. fol. Digit. Scr. 1 — Unc. VI.
Tart. stib. gr. l.
Mds. 2 stdl. 1 Essl.

Abend: V. l. im 1. und 2. J. C. R. leichte Dämpfung,
desgleichen h. über der ganzen l. Seite. — H. über der l.
Spitze unbestimmtes Athmen und Knistern; im l. J. S. R.
bronchiales Athmen und Crepitiren. Ueber dem l. unteren
Lappen unbestimmtes Athmen mit feuchtem mittelgrossblasigem Rasseln. r. wie oben.

Temp.. 40,2. — Puls: 152.

9. Juni Morgens: Wenig Schlaf. H. l. oben bis zur
6. Rippe Bronchialathmen mit Crepitiren. V. l. schwaches
unbestimmtes Athmen. Sonst status idem.

Temp.: 40,8. — Puls: 132.

Medicat: Inf. fol. Digit. gr. XV — Unc. VI.
Nat. nitr. Dr. ij.
2 stdl. 1 Essl.

Abend: Leichte Somnolenz. Keine Cyanose. Zuckungen in einzelnen Gesichtsmuskeln.

Temp.: 40,8. — Puls: 130.

Starkes Coma; Halsvenen strotzend. Respiration ausgiebig 30 in der Minute. Puls klein, nicht zu zählen; Pupillen weit, reagiren nicht.

Medicat: V. S. von Unc. X.

Pupillen enger, reagiren. Puls hebt sich, Coma weniger tief. Bald darauf wird das Coma wieder stärker, Puls nicht zu zählen. — Calor mordax. — Medicat: Sinapismen auf die Brust ohne Erfolg.

10. Juni Morgens: Pupillen sehr weit, reagiren nicht — tiefes Coma.

Temp.: 40,7. — Puls: 164.

Medicat: Moschus, Vinum.

Pupillen enger, reagiren. Coma weniger tief.

Mittag 3 Uhr: starker Schweiss; Radialpuls nicht zu zählen.

Abend 5 Uhr: Temp. 38,7; Radialpuls nicht zu fühlen. Die angewandten Emetica ohne Wirkung. — Trachealrasseln.— 11 Uhr Abends Tod.

Section: 33 St. post mort. Obducent: ? Die Venen der dura mater stark gefüllt. Im hinteren Abschnitt des Längenblutleiters adhärirt die Pia fast mit der Dura. Venen der Pia nicht nur an den abhängigen Stellen, sondern auch oben ziemlich stark mit dunkel flüssigem Blut gefüllt. Plexus chorioideus stark injicirt. Die Hirnmasse beider Hemisphären serös durchfeuchtet, stark bluthaltig; ebenso corp. quadrig. und thalam. optic. — Der rechte Seitenventrikel stark serumhaltig (aus dem linken ist das Serum wahrscheinlich beim Herausnehmen des Gehirns herausgeflossen). Medulla oblong. zeigt normalen Blutgehalt, sie ist serös durchfeuchtet. Letztere Eigenschaft zeigt auch das sonst normale Ceribellum. Cor und Pericardium normal.

Die rechte Lunge, namentlich in ihrem oberen Lap-

pen durch leicht zerreissliche Adhäsionen an die Rippen an-
geheftet; sie ist lufthaltig, blutreich, in den Bronchien reichlicher Schleim, im mittleren Lappen geringes Emphysem.
Die linke Lunge adhärirt in ihrer ganzen Ausdehnung
fester wie die rechte. Der untere Lappen nicht lufthaltig,
auf dem Durchschnitt von röthlich blasser Farbe, die an
einzelnen Stellen ins Graue überspiegelt. Der obere Lappen
stark hyperämisch, überall lufthaltig; Bronchien mit schau-
migem Schleim erfüllt. Milz $5^1/_2''$ lang, $1^1/_4''$ dick, $3^1/_2''$ breit.

Bei den letzten 7 Fällen, bei welchen ohne jeglichen
Frost die Pneumonie aufgetreten war, war die Sterblichkeit
am grössten; 4 davon nahmen ein tödtliches Ende, was 57 %
ausmachen würde.

Den Beginn der Pneumonie in Bezug auf das Geschlecht
betrachtet, ergab, dass von den 6 Fällen, die auf das weibliche kommen, derselbe viermal durch einen einmaligen intensiven Schüttelfrost charakterisirt war; in den beiden andern
dern Fällen trat nach vorausgegangenen leichten Kopfschmerzen, Brust-Stichen und Husten mehrmaliges Frösteln
auf. Eine Ursache für das jedesmalige Auftreten der Pneumonie bei dem weiblichen Geschlechte mit Frost glaube ich
mit Recht in den meisten Fällen in einer zarteren Entwicklung des sensiblen Nervensystems wie beim männlichen suchen
zu dürfen.

Von einem in mancher Hinsicht verschiedenartigen Auftreten war die beginnende Pneumonie auch beim Alter. Die
beiden dem kindlichen Lebensalter angehörigen Erkrankungen
begannen, wie schon erwähnt, einmal ohne jegliche Spur
eines Frostes, das anderemal waren ebenfalls Kopfschmerzen
etc. die erstem Symptome, denen nur ein leichtes Frösteln
nachfolgte. — In dem Alter von 11—40 Jahren waren es
von 30 Fällen 3, in denen andere Krankheitserscheinungen
einem wiederholten Frösteln vorausgingen, und nur 2, bei
welchen jeglicher Frost fehlte; die übrigen 25 Pneumonieen
wurden alle mit einem einmaligen heftigen Schüttelfrost er-

öffnet. — Anders verhält sich die Sache in dem Altersstadium
von 41—70. Von 17 darin aufgetretenen Erkrankungen war
in nur 8 Fällen ein Initialfrost nachzuweisen, während fünfmal mehrfaches Frösteln entweder zuerst oder nach andern
Krankheitserscheinungen eintrat, und viermal das Gefühl von
Frieren vollständig vermisst ward.

Aus all dem Erwähnten folgt, dass der einmalige Schüttelfrost bei Pneumonie wohl ein sehr häufiges, aber durchaus
nicht constantes Anfangssymptom derselben ist und dass er
gerade bei Kindern und Leuten, die das Alter von 40 Jahren
überschritten haben, fast ebenso oft, wie er auftritt, auch
fehlen kann. — Das Erscheinen des Schüttelfrostes scheint
in Bezug auf einzelne Zeiten des Tages eine gewisse Vorliebe
zu besitzen, so besonders für den Morgen. Sehr häufig über-
fiel er, nach einer noch in ruhigem Schlafe verbrachten Nacht,
plötzlich am Morgen beim Aufstehen oder seltener noch im
Bett bis dahin gesunde Individuen. In mehreren Fällen
überraschte er am frühen Morgen den Arbeiter bei seiner Beschäftigung, die er noch vor Kurzem gesund und wohlgemuth
begonnen hatte. — Nicht ganz so oft wie am Morgen trat
der Schüttelfrost am Vor- und Nachmittag auf, weniger oft
kam er den Abend und dann häufig beim Zubettgehen vor.
Eine auffällige Seltenheit des Initialfrostes machte sich besonders zur Nachtzeit bemerklich, und wurde er in dieser
nur in 4 Fällen beobachtet.

Ich versuchte es nun aus vorliegenden Krankengeschichten
die eigentliche Dauer derjenigen Pneumonieen, die in Genesung endeten, zu bestimmen. Unter dieser „Dauer" ver-
stehe ich den Zeitraum, der zwischen dem ersten Frost, oder
wo dieser fehlte, zwischen den ersten deutlichen Krankheitserscheinungen resp. Krankheitsgefühlen und dem Beginn des
abfallenden Fiebers liegt. In 3 Fällen war diese Bestim-
mung unmöglich, theils wegen der fehlenden Angaben über
den Beginn der Krankheit, theils weil schon vor der Aufnahme ins Spital bei 2 Kranken die Resolution eingetreten

war. — Fünfmal ging die Krankheit durch Lysis zurück,
und war bei diesen also auch eine genaue Angabe über die
Dauer des Entzündungsprocesses nicht zu machen. Es blieben
also nur 30 Fälle übrig, deren Krankheitsdauer aus nach-
stehender Tabelle zu ersehen ist.

Tage	rechtsseitig	linksseitig	Summa
2	—	—	...
3	—	—	—
4	1	3	4
5	2	1	3
6	1	3	4
7	2	2	4
8	2	2	4
9	4	2	6
10	2	—	2
11	1	—	1
13	1	—	1

Nach vorstehender Uebersicht scheint die Defervescenz
bei der linksseitigen Pneumonie im Allgemeinen früher ein-
zutreten wie bei der rechtsseitigen; ferner: die Mehrzahl der
Pneumonien sich zwischen dem 4. und 9. Tage zu entscheiden und endlich die Krise ebenso häufig am geraden wie
am ungeraden Tage zu erfolgen.

Der Fieberabfall war fast in den sämmtlichen 30 Fällen
ein sehr rascher und hatte er fast immer zwischen einer
letzten Temperaturmessung am Abende und der ersten am
Morgen stattgefunden, war also in 12 Stunden vollendet.
Nur in einzelnen Fällen erstreckte sich die Dauer des Fie-
berabfalls auf 18 bis höchstens 24 Stunden.

In 5 schon oben erwähnten Fällen brauchte das Fieber
zu seinem Verschwinden Tage und sogar Wochen lange Zeit.
Die Temperatur war eine äusserst unregelmässige; oft sank
sie plötzlich am Morgen und schien eine Krisis anzudeuten,
erhob sich aber bis zum Abend schnell wieder zu abnormer
Höhe, blieb dann wieder einige Tage ziemlich constant hoch,

worauf sie dann wieder einen remittirenden Typus annehmen
zu wollen schien. Nach solchen und ähnlichen Unregel-
mässigkeiten trat endlich mit dem Verschwinden des Entzündungsprocesses ein normales Verhalten der Temperatur
ein. Dieser unregelmässige Abfall des Fiebers betraf immer
Fälle, bei denen entweder statt der eintretenden Resolution
sich neue Entzündungserscheinungen in der Lunge bildeten,
oder bei denen eine complicirende Pleuritis exsudativa das
Fieber unterhielt, oder heftiger acuter Darmkatarrh mit typhoiden Erscheinungen das Fieber nicht zur Ruhe gelan-
gen liess.

Weder das Geschlecht noch auch das Alter sind nach
unsern Beobachtungen auf einen kritischen Verlauf der Pneumonie von wesentlichem Einfluss.

Mit dem Ende der Defervescenz beginnt in den 30 Fällen
das Stadium der Resolution, welches sich mit dem Verschwinden der Infiltration, welches durch die physikalische Untersuchung nachzuweisen ist, begrenzt. Dasselbe war in 7
Fällen nicht zu bestimmen: dreimal waren die Patienten auf
dringenden Wunsch vor beendigter Resolution entlassen
worden und viermal nahm die Lösung einen Ausgang in
partielle Induration des Lungengewebes. Das Ende der Resolution vertheilte sich bei den übrigen 23 Pneumonien nach
folgendem Schema auf die einzelnen Tage (dieselben also von
der Krisis an gerechnet):

Tage	rechtsseitig	linksseitig	Summa
3	1	1	2
4	4	1	5
5	1	2	3
6	1	—	1
7	2	1	3
8	—	—	—
9	3	—	3
10	1	2	3
11	1	2	3

Die Dauer der Resolution schwankte also in den meisten
Fällen zwischen 3 und 7 Tagen. — Der Sitz der Pneumonie,
in Bezug auf die rechte wie linke Lunge und deren einzelne
Lappen betrachtet, war auf die Dauer der Resolution von
keinem nachweisbaren Einfluss. Meistens war dieselbe proportional der Grösse der Infiltration. Jedoch gab es auch
hiervon Ausnahmen und wurde einigemal bei grosser Ausbreitung der pneumonischen Affection eine sehr rasch verlaufende Resolution beobachtet. Im Allgemeinen schien eine
gute Constitution, ein jugendliches Alter die Resolution
schneller und vollkommener zu beenden, als wie es bei um-
gekehrten Verhältnissen statt hatte.

Nach diesen mehr allgemeinen Betrachtungen kann ich
nicht umhin, andere Erscheinungen der Pneumonie noch ein-
zeln ins Auge zu fassen, und zwar sind dies zunächst: die
Temperatur, der Puls, die Respiration und das Sputum.

Nur in 2 Fällen war es möglich, die Temperatur*)
kurz nach dem Beginn der Erkranknng mit einem Schüttelfrost genauer zu bestimmen. Der eine Fall betraf einen
Jungen, der an favus in der Klinik behandelt wurde. Die
Temperatur betrug, 5 Stunden nach dem Krankheitsanfang
gemessen, 39,6°. Diese Höhe blieb fast ganz constant während der Dauer der Pneumonie, nur einmal sank sie auf 39
und einmal vor dem Fieberabfall stieg sie auf 39,8°. In dem
zweiten Fall erkrankte ein Bauer Morgens bei seiner Arbeit
auf dem Felde mit einem Schüttelfrost. Einige Stunden
später kam er ins Spital, wo er eine Temperatur von 40°
zeigte, die auffallenderweise bis zum Abend wieder fiel, am
folgenden Tag gleichmässig auf 38,6 stehen blieb und am
Morgen des dritten Tages wieder auf 40,2° stieg, um nach
mehreren Dosen Chin. sulphur. 0,3 Grm. wieder auf 39,6 zu
sinken. Am vierten Tag machte sie eine Remission von 38,2
39,8, worauf sehr rascher Temperaturabfall folgte.

*) Die Temperaturmessungen wurden täglich zweimal, am Morgen
und Abend, in der Achselhöhle gemacht.

Eine Infiltration war in keinem der beiden Fälle bei der
ersten Temperaturmessung nachzuweisen. — Vom Ende des
ersten Tages liegen die Beobachtungen zweier Pneumonien
vor, von denen die eine oben schon vollständig erwähnt ist.
In dem andern Fall betrug die zuerst constatirte Temperatur
39,8. Infiltration war schon nachzuweisen. Das Fieber hielt
sich zwei Tage lang zwischen 39,2 und 40,2, sank dann, indem es zugleich einen deutlich remittirenden Typus annahm
bis zur Krisis am achten Tage. — Am Anfang des zweiten
Tages wurde bei 5 Pneumonien die erste Temperaturbestim-
mung gemacht und betrug dieselbe dreimal etwas über 40,
einmal 39 und einmal 39,8°. Von den 3 ersten endeten 2
Fälle nach kurzem Verlauf, während das Fieber hoch geblieben war, lethal. Der dritte ging, nachdem ein vergeb-
licher Coupirungsversuch durch eine Venaesection gemacht
worden war, nach kurzer Chininbehandlung unter unregel-
mässigem Fieber in Lysis über. Der vierte im Beginne des
zweiten Tages beobachtete Fall zeigte bei den beiden nächsten
Messungen jedesmal 40,2°, nahm dann, nachdem 4 Grm.
Digitalis verbraucht waren, einen raschen Fieberabfall an.
Der letzte (5.) Fall mit einer Temperatur von 39,8° kriti-
sirte, ohne vorher eine höhere Temperatur, wie die vor-
stehende, erreicht zu haben, am dritten Tag. — In der zweiten
Hälfte des zweiten Tages wurden 3 an Pneumonie Erkrankte
aufgenommen mit einer Körperwärme von 39,2, 39,4 und
39,6°. Im Laufe des dritten Tages stieg bei allen dreien
die Temperatur, und zwar bei den beiden letzten bis auf
40,2°, bei der ersten bis zu 39,8°. In den beiden ersten
Fällen waren dies die höchsten im Verlaufe der Krankheit
überhaupt erreichten Temperaturen, der Fiebertypus ein re-
mittirender mit abendlichen Exacerbationen. Der 2. Fall
war am dritten Tag mit Chin. sulph. 0,5 bis zum beginnen-
den Ohrensausen behandelt worden; die Krisis fiel auf den
sechsten Tag. Der 3. Fall, den ich unten anführen werde,

verlief fast constant mit sehr hoher Fiebertemperatur bis zum plötzlichen Abfall derselben am sechsten Tage. Die meisten Fälle (11) wurden erst am dritten Tag der Krankheit beobachtet und schwankte die Temperatur an diesem bei 9 zwischen 89,2 und 40,2°; nur bei einem 6jährigen Kinde war sie 37,8, wuchs jedoch rasch wieder zu 88 und 39° heran, von welch letzterer sie dann rasch abfiel; und ferner bei einem Tagelöhner 38,4°, welche Temperaturhöhe nur einmal während der ganzen Dauer der Krankheit um 0,4° überschritten wurde. — In 8 Fällen konnten erst am vierten Tag Temperaturmessungen angestellt werden: viermal ergab diese in beiden Tageshälften mehr als 40 und viermal zwischen 39,2 und 39,8° liegende Temperaturen. Sowohl von den ersten 4 Pneumonien, wie auch von den zweiten 4 endeten noch am Tage der Aufnahme je eine lethal. Das Fieber fiel unter den nun noch übrig bleibenden ersten 3 Fällen schon am folgenden Tag (5. Tag), und ging, nachdem es darauf noch einmal 40.° erreicht hatte, wieder herunter, um einige Tage später in raschen Fieberabfall überzugehen. — Unter den letzten 3 Erkrankungen erreichte nur einer zweimal die Temperatur von 40°, während die beiden andern eine höhere, wie die schon erwähnte Temperatur nicht mehr erreichten. Das Fieber war in diesen 3 Fällen remittirend und lag die Grösse der Remission zwischen 0,4 — 1,2°.

Die an noch späteren Tagen zur Beobachtung gekommenen Temperaturen schienen in mehreren Fällen erst in dieser Zeit ihr Maximum erreicht zu haben und war demgemäss die Dauer der Pneumonie in die Länge gezogen, in den meisten jedoch war sie schon etwas gesunken und folgte ihr alsdann rasch die Krisis nach.

Aus der Zusammenstellung aller Temperaturen von dem Tage der Beobachtung an bis zum Fieberabfall ging hervor, dass in der Mehrzahl der Fälle das Fieber sich zwischen 38,4 und 40° bewegte. Fälle unter der ersten Temperatur

wurden gar nicht beobachtet, nur einer hielt, wie schon erwähnt, vom Tage seiner Beobachtung (3. Tag) an, diese
Temperaturen mit geringen Schwankungen bis zu seinem
Fieberabfall ein. Hingegen sind Fälle mit einer Temperatur
von über 40° mehrfach vorgekommen (12); in einer Pneumonie, die mit Delirium tremens complicirt war, erreichte
dieselbe sogar zweimal die Höhe von 41°; diese Erkrankung
ging in Genesung über. 3 andere Fälle hingegen, die, ob-
wohl mit hohem Fieber verlaufend, nur kaum einigemal um
wenige Zehntel die Temperatur von 40° überschritten hatten,
endeten lethal. Auch bei den noch übrigen Fällen, mit Ausnahme von zweien, trat die Temperatur von mehr als 40°
nur auf kurze Zeit, längstens auf 1—2 Tage auf, um dann
zu sinken. Nur in 2 Fällen betrug die Körperwärme fast
von Anbeginn der Krankheit an über 40° und hielt sich bei
dem einen bis zum lethalen, bei dem andern bis zum kriti-
tischen Ende fast ganz constant auch auf gleicher Höhe.
Der erste betrifft den schon oben erwähnten Jäger, den
zweiten theile ich nachstehend mit:

Catharina Peter, 19 J., Dienstmagd, aufg. d. 23. März
1868.

Anamnestisch ergibt sich, dass Pat. gesund war bis vor
5 Jahren, zu welcher Zeit sie wahrscheinlich an einem acuten
Gelenkrheumatismus gelitten hat. Ihre Angaben über die
damalige Krankheit sind sehr unbestimmt. Alsdann war sie
wieder gesund. Am Abend des 21. März erkrankte sie plötzlich ohne nachweisbare Ursache mit einem Schüttelfroste,
dem bald Hitze und Schweiss gefolgt sein soll; Zu gleicher
Zeit stellten sich Schmerzen in der l. Thoraxseite, sowie
Husten ein, durch welchen sie zweimal in der Nacht vom
22.—23. März dunkle, schwärzliche Ballen ausgeworfen haben
will. Sputum spärlich, sonst ist über seine Beschaffenheit
Nichts zu erfahren.

24. März stat. praes. Zustand der P. im Wesentlichen
derselbe wie gestern. P. kräftig gebaut, gut genährt. Haut

heiss, leicht schwitzend, von gutem Blutgehalt. — Stirnkopfschmerz, Schwindelgefühl.

Thorax: schön gewölbt, Umfang, sowie Höhe und Tiefe
von normalen Massen. Respiration beschleunigt, 44 in der
Minute. Bewegung costo-abdominell. Auf der Höhe der Inspiration tritt gewöhnlich ein Hustenanfall auf. Differenzen
zwischen r. und l. Thoraxhälfte nicht bemerklich.

Percussion: V.: r. normal, ebenso die Grenzen; l. Schall
deutlich tiefer und namentlich in den äusseren Particen von
tympanitischem Beiklang; Grenzen normal. H.: r. normaler
Schall bis zum Ansatz der 11. Rippe; l. oben etwas tiefer
wie r., ebenso im Intercostalraum l. vom angul. scapul. abwärts mässige Dämpfung, die dicht über der Lungengrenze
fast. absolut wird.

Fremitus: auf der ganzen r. Seite stärker wie l.; über
der gedämpften Partie ist derselbe entschieden am schwäch-
sten zu fühlen.

Auscultation: V.: r. zwischen 6. und 7. Rippe ziemlich feinblasiges, dumpfes Rasseln. l. vesiculäres Athmen. —
H.: r. überall vesiculäres Athmen, im I. S. R. und fossa
supraspin. mit leichter bronchialer Exspiration; daselbst Rasseln mit demselben Character wie V. zu hören. l. in den
oberen Particen im Wesentlichen wie r.; im Gebiet der Dämpfung unbestimmtes Athmen mit ziemlich trocknem, etwas
knatterndem, mittelgrossblasigem consonirenden Rasseln.

Pat. hustet ziemlich viel. Expectoration erschwert. Die
linksseitigen Bruststiche haben nach einem Empl. canth. auf-
gehört. Sputum graugelb, trübe, zum Theil geballt, zum
Theil zerfliessend.

Circulat.: Spitzenstoss im 4. I. C. R.; dicht ausserhalb
der Parasternallinie ziemlich deutlich zu fühlen. Herztöne
rein. 2. Pulmonalton stärker wie der 2. Aortenton. Puls
von mittlerem Durchmesser, kaum mittlerer Höhe, ziemlich
gespannt. Zunge grau belegt, foetor ex ore. Unterleib wenig
hervorgewölbt, etwas gespannt, Leber von normalem Volumen.

Milz wegen des Vesicators nicht zu percutiren. Stuhlgang
angehalten. — Urin reichlich, hochgestellt, 10!5, sauer, ohne
Albumen.

25. März. Nacht unruhig, leichte Delirien. — Haut kaum
feucht. — Kopfschmerzen, Schwindel, Schmerzen im Epigastr.
Percuss.; l. wio gestern. ·V.: r. oben Schall höher und
kürzer als gestern, namentlich unterhalb der 3. Rippe; auch
in den unteren Partieen der r. Achselgegend erscheint der Schall
kürzer, auch in der Mitte des r. I. S. R. und der fossa infraspin., r. der Schall kürzer wie l.
Auscultat.: V.: r. oben noch vesiculäres, aber entschieden schwächeres Athmen wie l.; mitunter bei der Exspiration
etwas Pfeifen; unter der 3. Rippe und in der Achselgegend
unbestimmtes Athmen mit Crepitiren, letzteres klangvoller
als gestern. H.: l. unten Rasseln etwas feuchter geworden,
aber noch mittelgrossblasig; sonst l. wie gestern. r. unten
rauheres Vesiculärathmen wie gestern; in der fossa infraspin.
Athmungsgeräusch unbestimmt; im mittleren I. S. R. scharf
unbestimmtes Inspirium mit einigem Rasseln und Pfeifen und
bronchialer Exspiration; auch in der fossa supraspin. sin.
schwächeres unbestimmtes Athmen mit spärlichem Rasseln.
Bei der Respiration bleibt die r. untere Partie unbedeutend
gegen l. zurück. — Sputum wie gestern. — Stuhlgang 1 mal
dünn erfolgt. — Urin enthält reichliche harnsaure Salze,
sauer, 1017, ohne Albumen.

26. März. P. hat schlecht geschlafen. Stirnkopfschmerz.
Stuhlgang in 24 Stunden 1 mal. Haut trocken. Sensorium
frei. Sputum wie früher. Phys. Symptome wie gestern, nur
r. V. und in der Seite wenig Crepitiren zu hören.

27. März. Wenig Schlaf. Kopfschmerzen, Husten. Stuhlgang 5 mal während der Nacht dagewesen. Expectoration
erschwert. Haut trocken. Sensorium frei. Geringe blutige
Beimengungen im Speiglas, die jedoch auch aus dem Zahn-
fleisch stammen können. — Urin sauer, 1020, ohne Albumen,
viel harnsaure Sedimende.

.ı. Abend. Percuss.; V.: l. eben normaler Schall; r. oben der Schall beträchtlich höher, kürzer mit tympanitischem Beiklang. H.: l. Percussion wie früher; r. in der fossa supraspin. und den obersten Partieen des L. S. R. Schall sehr bedeutend kürzer wie l.; in der r. Achselgegend fast absolute Dämpfung.

.ı.. Auscult.: V.: r. scharf unbestimmtes Inspirium und schwaches unbestimmtes Exspirium mit ziemlich klangvollem, kleinblasigem Rasseln und Schnurren. In der Achselgegend lautes In- und Exspirium mit consonirendem, mittelgrossblasigem Rasseln. H.: l. von oben bis unten noch das consonirende Rasseln; r. oben in der fossa supraspin. mässig lautes, aber deutlich bronchiales Athmen mit inspiratorischem Crepitiren; im oberen L. S. R. auch Crepitiren mit lauter bronchialer Exspiration, Inspirium nicht deutlich; von hier erstreckt sich schräg nach unten zur Achselgegend eine Zone mit Dämpfung und bronchialem Athmen; in den untern Partieen r. starkes Schnurren, aber anscheinend noch vesiculäres Athmen. — Stuhlgang seit heute Morgen nur 1 mal in ziemlicher Menge erfolgt; Haut mit reichlichem Schweiss bedeckt. Sputa graugelb.

28. März. Dämpfung besteht H. wie früher; bei der Inspiration mittelgrossblasiges Rasseln, bei der Exspiration Athmen über der Dämpfung zu hören. In der r. Achselhöhle Crepitiren; Exspiration ein wenig rauh. — In der Gegend des mittleren Lappens sehr reichliches feuchtes, mittelgrossblasiges Rasseln, ebenso in den hinteren Partieen des oberen Lappens. — Urin sauer, 1020, ohne Albumen.

29. März stat. idem.

30. März. Percussionsschall in dem Bereich der früheren Dämpfung gegen l. noch gedämpft, hoch tympanitisch. Man hört unbestimmtes Athmen nebst Pfeifen und Schnurren. In der Achselhöhle rauhes unbestimmtes Athmen, spärliches Rasseln; l. vesiculäres Athmen.

Sputa cocta.

1. April. H.; r. über der noch bestehenden Dämpfung rauhes, vesiculäres Inspirium, rauhe, dem bronchialen Athmen sich nähernde Exspiration, keine Aftergeräusche; in der Achselhöhle vesiculäres Athmen, keine Aftergeräusche. — Sputa spärlicher, sonst wie früher.

8. April. V. keine wesentlichen Unterschiede. H. oben unbedeutende Dämpfung und etwas schwächeres Athmen.

15. April. V. ergibt die Percussion gar keine Differenzen mehr. In der Gegend der früheren Dämpfung H. r. ist der Schall eine Spur höher und nur weniger intensiv als auf der andern Seite. Auscultat. ergibt überall Vesiculärathmen, nirgends Aftergeräusche.

16. April. Pat. wird geheilt entlassen.

Der besseren Uebersicht halber habe ich nachfolgend die Temperaturen und Pulse zusammengestellt:

Datum	Tag der Krankheit	Puls M.	A.	Temp. M.	A.	Resp. M.	A.
23. März	2.	—	112	—	39,6	—	—
24. „	3.	136	120	40,2	40,8	—	44
25. „	4.	128	132	40,9	40,9	40	40
26. „	5.	112	108	40,9	39,6	48	54
27. „	6.	132	134	40,6	40,6	40	44
28. „	7.	92	100	36,4	37,6	44	44
29. „	8.	88	88	36,6	36,8	48	36
30. „	9.	84	68	36,7	36,8	48	40

Die höchsten der in sämmtlichen Pneumonieen beobachteten Temperaturen fallen auf die Genesenen. Von den 12 Erkrankungen, in deren Verlauf das Thermometer mehremal eine Körperwärme von mehr als 40° anzeigte, trat 5 mal ein lethaler Ausgang ein, was auf 2,4 dieser Erkrankungen einen Todesfall machen würde. Es ist somit nach diesem Befunde eine Temperatur, welche 40° übersteigt, schon an und für sich als prognostisch ungünstig zu bezeichnen, um so mehr jedoch noch, wenn sie längere Zeit hindurch auf angeführtem Höhegrad constant bleibt.

Der Fiebertypus war in der Mehrzahl der Fälle ein sub-remittirender zu nennen. Die Grösse der Remission, die im Allgemeinen ungefähr zwischen 0,4—1° schwankte, meistens auf den Morgen, während die Exacerbation auf den Abend fiel, war in verschiedenen Fällen ebenfalls sehr verschieden. Im Allgemeinen war sie geringer bei den rapid verlaufenden Fällen mit früh eintretender Krisis, bedeutend grösser dagegen bei längerem Verlauf bis zur Defervescenz und bei solchen, die durch Lysis endigten. Die wenigen fast constant verlaufenden Fälle sind zerstreut schon angeführt.

Mit der Temperatur ging in den meisten Fällen der Puls ziemlich parallel, so dass mit dem Fallen und Steigen jener häufig auch eine geringere oder grössere Pulsfrequenz verknüpft war. Sehr deutlich trat dieses Parallelgehen von Pulsfrequenz und Temperatur zuweilen bei dem Fieberabfall hervor; fast unmittelbar mit dem Eintritt desselben fiel auch die Häufigkeit des Pulses. Jedoch kam es auch in einer nicht unbedeutenden Anzahl von Fällen vor, dass das Sinken der Pulsfrequenz schon einen, seltener zwei Tage der Defervescenz vorausging. Auf die übrigen Eigenschaften des Pulses ist es mir unmöglich näher einzugehen, weil dieselben nicht regelmässig genug in den Krankengeschichten berücksichtigt sind.

Die Pulsfrequenz schwankte in der Mehrzahl der Fälle zwischen 100 und 120 Schlägen in der Minute; nur in 5 Fällen blieb sie völlig unter 100; in einem derselben, der vom ersten Tag der Krankheit an beobachtet ist, blieb sie trotz Temperaturen von 40, 39, 40,2° etc. stets 96, bis sie am Tage vor der Krisis auf 66 sank. Diese Zahl ist nachher nicht mehr überschritten worden. Die übrigen 4 Fälle, die erst an spätern Krankheitstagen zur Behandlung kamen, zeigten neben der niedrigen Pulsfrequenz auch nur zwischen 38 und 39,2° liegende Temperaturen. — Die übrigen Pneumonieen, die ein zwischen 100 und 120 liegendes Höhestadium aufwiesen, boten nichts darüber Bemerkenswerthes. Ihre

Häufigkeit betrug 28, davon war die Lethalität 4, macht auf
7 Erkrankungsfälle 1 Todesfall oder 14°/₀,

120—150 Pulse in der Minute zeigten 19 an Pneumonie
Erkrankte; 17 von ihnen hatten gleichzeitig eine Temperatur
von 40° und oft noch darüber aufzuweisen; nur zweimal
war diese hohe Pulsfrequenz mit niedrigeren Temperaturen
complicirt (wovon trotzdem ein lethales Ende erfolgte).

Zu diesen 17 gehörten die schwersten Erkrankungen, die
überhaupt vorgekommen sind. 7 davon führten zum Tode;
in diesen 7 stieg kurz vor dem Ende der Puls oft so hoch
und wurde so klein, dass es unmöglich war, ihn zu zählen.
Bei den Genesenen sank entweder einige Zeit vor oder mit
eintretender Krisis auch die Pulsfrequenz und zwar mehr all-
mählig wie das Fieber auf die Norm.

Ueber die die Respirationsfrequenz kann ich anführen, dass sie am häufigsten sich zwischen 30 und 40 in der
Minute bewegte; etwas weniger häufig lag sie zwischen 40
und 50 und in schon seltenen Fällen reichte sie über 50
und 60 hinaus. In dem ersten Höhestadium der Respirationsfrequenz endete nur 1 Fall lethal; im zweiten erlagen
5 und von zweien, die mehr als 50 Respirationen in der
Minute zeigten, genas einer; bei den übrigen 5 tödtlich verlaufenen Pneumonien finden sich keine genaueren Angaben
über die Respirationsfrequenz. Mit, oder häufiger erst nach
dem Fieberabfall kehrte auch die Zahl der Respirationen all-
mählig zur Norm zurück. Im Allgemeinen stieg die Häufigkeit des Athmens proportional der Ausdehnung des pneumonischen Processes. Jedoch kamen auch Fälle vor, wo bei
fast gleicher Ausbreitung der Infiltration in einen bedeutend
vermehrte Athmungsfrequenz, grosse Dyspnoe herrschte,
während im andern dagegen die Respirationsthätigkeit nur
etwas über die Norm angestrengt war.

Ein anderes für die Pneumonie fast pathognostisches
Zeichen bilden die Sputa. Dieselben bestehen alsdann aus
einem äusserst zähen, glasigen Schleim, der nach der Menge

des in ihn extravasirten Blutes bald citronengelb, bald rostfarben gefärbt ist, und öfter mit feinen Blutstreifen durchzogen ist: So beschaffen zeigte sich der Auswurf in dem Beginn der meisten Erkrankungen, noch mit der Bedingung verknüpft, dass er sehr mühsam und in spärlicher Masse ausgehustet wurde. Derselbe war während der ganzen Dauer der Pneumonie vorhanden und verlor sich gewöhnlich erst einige Zeit nach der kritischen Entscheidung derselben. Die Prognose war hinsichtlich dieser Erscheinung eine günstige; denn unter 34 Fällen, in welchen oben erwähnte Eigenschaften des Sputums die beginnende Pneumonie erkennen liessen, waren nur 4, die einen tödlichen Ausgang nahmen; von 9 Kranken also genasen 8. — Neben diesem zähen, spärlichen, rein pneumonischen Sputum, kam auch mehrmals ein ebenfalls Blut enthaltender, dünnflüssiger und von Anfang an sehr reichlich expectorirter Auswurf vor; er besass eine grünlich- oder röthlich-braune Farbe und wurde als „pflaumenbrühartig" bezeichnet; einigemal ging derselbe auch ad finem vitae aus echtem pneumonischem Sputum hervor. Er wurde im Ganzen 6 mal beobachtet, wovon 5 mal ein tödtliches Ende eintrat; seine prognostische Bedeutung ist hiernach wohl ersichtlich. — In wieder andern Fällen wurden statt pneumonischen Sputums oft sehr copiöse, kein Blut enthaltende flüssige und schaumige Massen, die oft mit schleimig-eitrigen Ballen vermischt waren, ausgehustet. Von 4 Erkrankten, welche diese Erscheinungen boten, erlagen 2.

Fünfmal kam es vor, dass im ganzen Verlauf der Krankheit gar kein Sputum expectorirt wurde. Nur 1 hierher gehöriger Fall endete lethal; derselbe betraf ein altes decrepides Individuum. Von den übrigen 4 Fällen kommt noch 1 auf das höhere Alter, 1 auf das kindliche und 2 auf die mittleren Lebensjahre.

Neben den erwähnten Erscheinungen traten häufig noch andere im Verlauf der Pneumonie auf, welche, obgleich sie zum Theil nicht direct mit der Pneumonie in Zusammenhang standen, vielmehr auf secundärer Erkrankung anderer Organe beruhen konnten oder wirklich beruhten; ich mir dennoch erlaube, der Häufigkeit ihres Vorkommens halber, mit den noch restirenden, der Pneumonie noch speciell angehörigen, Symptome zusammen zu reihen. Diese jetzt näher zu erwähnenden Erscheinugen wären folgende: Kopfschmerzen, Delirien, Icterus, Albuminurie, Diarrhöen, Nasenbluten und Herpes.

1) Der Kopfschmerz wurde von den eben aufgezählten Symptomen bei Weitem am häufigsten beobachtet; er fand sich in 24 Fällen, in welchen er fast stets von Anbeginn der Krankheit an, einerlei, ob ein Schüttelfrost die Pneumonie eröffnet hatte oder nicht, mit verschiedenartiger Intensität aufgetreten war. In nur wenigen Fällen bildete er blos dieses Anfangssymptom und war dann häufig mit Schwindelgefühl verbunden, häufiger begleitete er die Krankheit bis zu ihrem Ende resp. dem Abfall des Fiebers. Er kam alsdann ganz ohne Rücksicht auf eine hohe Temperatur zu nehmen, in Pneumonieen mit nur mässig hohem Fieberverlauf vor, während er wieder bei sehr heftigem Fieber fehlte. Sobald er nur mit einiger Heftigkeit auftrat, war er im Stande die Kranken ihres Schlafes zu berauben oder sie mit aufregenden Träumen zu beunruhigen. In 7 Fälllen sogar waren ihm leichte Delirien beigesellt.

Die Mortalität in Bezug auf dieses Symptom berechnet, betrug 16,6 %, was auf 6 Erkrankte 1 Sterbefall macht.

2) Delirien, meist leichteren Grades, konnten öfters constatirt werden; sie traten meist erst auf der Höhe der Entzündung auf und hielten dann kürzere oder selten längere Zeit hindurch an. Mit dem Fieberabfall, der in der Regel mit einem guten Schlafe verknüpft war, verschwanden auch sie fast stets. In Betreff ihres sonstigen Verlaufs schienen sie auf das Fieber nicht sehr Rücksicht zu nehmen, wie aus mehreren Fällen mit Evidenz hervorgeht; so waren in dem oben erwähnten, mit constant sehr hohem Fieber verlaufenen,

die aufgetretenen Delirien von sehr milder Natur und sehr
kurzer Dauer; in einem andern dagegen, der während der
Dauer der ganzen Krankheit eine schon erwähnte constant
niedrige Temperatur 38 — 39,8° zeigte, drohten mehremal
heftige Delirien mit nachfolgendem Coma dem Leben ein
Ende zu machen. Ein anderes für das Zustandekommen der
Delirien schon lange als einflussreich gekanntes Moment, ist
der Sitz der Pneumonie im oberen Lappen. Auch unsere
3 Fälle dieser Art waren stets mit heftigen Delirien con-
plicirt; einmal allerdings war der betroffene Patient Potator
und aus diesem Grunde wohl schwer zu entscheiden, von
welchem Umstande die Delirien mehr abhingen. Sehr heftige furibunde Delirien waren schon eine seltene Erscheinung,
und kamen unter den Genesenen nur 2 mal vor, die Zwangs-
jacke war in diesen Fällen das einzige und rascheste Be-
ruhigungsmittel. Leichte Delirien zeigten sich dagegen 8 mal
bei den in Genesung übergegangenen Erkrankungen. —
Unter den lethal verlaufenen Fällen waren 2 mal sehr heftige und 2 mal leichtere Delirien aufgetreten. In einem dieser
4 Fälle traten erst, nachdem fast durch die ganze Dauer
der Krankheit hindurch leichte Delirien vorhanden gewesen
waren, unmittelbar vor dem Tode solche mit furibundem Charakter auf.

Von 14 mit Delirien aufgetretenen Pneumonien hatten
also 4 ein tödtliches Ende, machte auf 3,5 Erkrankungsfälle
1 Todesfall oder 28,5 %.

Delirium tremens trat in 5 Fällen auf; tödtlich verlief
keiner derselben; ein jedenfalls zu günstiges Resultat für die
Prognose.

3) Icterus fand sich unter den 50 Pneumonien 9 mal
vor; 5 mal war gleichzeitig eine, wenn auch zum Theil geringe Vergrösserung der Leber nachzuweisen und der Icterus
alsdann wahrscheinlich ein hepatogener, welche Annahme bei
2 lethal verlaufenen Fällen durch die Section bestätigt ward.
In andern Fällen bleibt es völlig unentschieden ob vielleicht

eine Stauungshyperämie in der Leber, oder die Fortpflanzung eines catarrhus duodenalis auf die Ausführungsgänge der Gallenwege, oder endlich eine Dissolution des Blutes die veranlassenden Ursachen des Icterus gewesen sind. — Er kam meist in der ersten Hälfte der Krankheit zum Vorschein, ohne länger als wenige Tage anzuhalten. In allen Fällen, mit Ausnahme von einem einzigen, konnte Gallenfarbstoff im Urin nachgewiesen werden; 2 mal zeigte auch das Sputum deutliche Reaction auf denselben.

4) Diarrhöen, die zur Pneumonie hinzutraten, bildeten ein öfter die Prognose trübendes Moment. Von einiger Bedeutung kamen sie 10 mal vor; 3 mal davon bei solchen, welche der Krankheit erlagen. Meistens wichen sie nach einigen Tagen, den gegen sie angewandten Mitteln (s. Therapie); nur in einem Falle waren sie nicht zu stopfen und hielten an bis zum Tode.

5) Albuminurie zeigte sich unter sämmtlichen Genesenen 15 mal; am häufigsten trat sie mit der Höbe des Fiebers auf, war alsdann meist nur in geringer Quantität vorhanden und verlor sich wieder vollständig theils mit der Krisis, theils erst einige Tage später. In den letbal verFällen fand sich während der Krankheit 8 mal Albuminurie vor, und zwar fast durchgehends in einem weit höheren Grade wie bei den Genesenen. Oefter waren hier auch blasse mit Epithelkörnchen behaftete Cylinder nachgewiesen worden. In dem Alter über 40 Jahren schien die Albuminurie etwas häufiger und dann auch in stärkerem Grade aufzutreten; sie kam in demselben unter 17 dahin gehörigen Erkrankungen 9 mal vor, also 51 $\frac{\circ}{0}$; von diesen 9 waren 5 mit letbalem Ende; darnach belief sich die Sterblichkeit auf 55,5 %. — Dem unter 40 Jahren gelegenen Alter bis zum 11. herab gehörten zusammen 31 Pneumonien an, woruuter 14 oder 45 % mit Albuminurie sich befanden. Die Mortalität war 21 %. Für das höhere Lebensalter steht also beim Auftreten von Albuminurie in der Pneumonie eine übele Prognose zu erwarten.

6) Nasenbluten kam in 6 Fällen vor, 4 mal zu gleicher Zeit mit dem Fieberabfall, 1 mal ging es derselben kurze Zeit voraus und nur 1 mal war es Anfangssymptom einer mit mittelmässiger Heftigkeit verlaufenden Pneumonie. Alle damit befallenen Individuen waren männlichen Geschlechts und gehörten einem zwischen 12 und 24 Jahren gelegenen Alter an. Lethal endete keiner der Fälle.

7) Herpes labialis bildete in 9 Fällen eine die Pneumonie begleitende Erscheinung. Fast stets brach die Eruption bald verbreiteter, bald in nur geringem Umfange in der Regel erst vom 3. Tag der Krankheit an aus und nahm ihren bekannten Verlauf. Einen Einfluss auf das Fieber, etwa ein Fallen desselben, wie es wohl von Einigen behauptet wird, war nicht zu constatiren; auch auf den sonstigen Verlauf der Erkrankung schien der Herpes ohne Einwirkung. Von sämmtlichen Erkrankten, welche gleichzeitig mit der Pneumonie diese Erscheinung boten, starb einer.

Ein Complex mehrerer der eben besprochenen Erscheinungen findet sich häufig bei der sogenannten biliösen typhoiden Pneumonie, deren Auftreten besonders häufig im Sommer und Anfang Herbst unter den Einflüssen eines gewissen, nicht näher gekannten genius epidem. vorkommt und eine sehr schwere Allgemeinerkrankung des ganzen menschlichen Organismus darstellt. Gewöhnlich beginnt sie ebenso wie eine primäre croupöse Pneumonie mit Schüttelfrost, Stichen, Husten, Kopfschmerzen etc.; sehr häufig gesellen sich bald früher, bald später zu diesen Anfangssymptomen die Erscheinungen eines heftigen acuten Magenund Darmcatarrh's, wie Appetitlosigkeit, Uebelkeit, Schmerzen im Abdomen, Diarrhöen etc. Indem sich nun in der Lunge die Erscheinungen der Pneumonie ausbilden, wächst das Fieber, die Haut wird trocken, heiss und nimmt gewöhnlich schon frühzeitig eine leichtere oder intensivere icterische Färbung an. Zugleich wächst die Intensität der Cerebralerscheinungen; vorhandene Kopfschmerzen werden unerträglich; es treten Benommenheit des Sensoriums, leichtere Delirien ein, denen bald soporöse Zustände folgen. — Die Zunge ist dick belegt, oft rissig; das Abdomen gespannt und auf tiefen Druck, sehr empfindlich. Die Diarrhöen nehmen zu, werden farblos und wollen keinem angewendeten Mitteln mehr weichen. In der Regel schon vorher tritt Albumen in dem spärlich gelassenen Urin auf. Die Milzdämpfung ist vergrössert und kann in der Axillarlinie bis zur 6. Rippe reichen; unter dem Rippenbogen ist häufig die Vergrösserüng des Organes selbst durch die Palpation nachweissbar. Trotz dieser heftigen Erscheinungen kann die Krankheit durch Krisis enden und auf die tiefste Abgeschlagenheit plötzlich fast vollständige Euphorie folgen. Sehr häufig aber nehmen alle Erscheinungen an Intensität zu, die Temperatur bleibt hoch, der Puls wird unregelmässig und aussetzend; die Kranken verfallen rascher, als es im Verhältniss zur Ausbreitung des Entzündungsprocesses in den Lungen stände, sind nicht mehr aus einem tiefen Sopor zu erwecken und gehen darin zu Grunde. Solche Fälle! bald mit leichteren bald mit schwereren Allgemeinerscheinungen wurden öfter und zwar mehr sporadisch hier beobachtet. Von einem derselben, der lethal endete, führe ich nachfolgend die Krankengeschichte an:

Conrad Zwick, 44 J., Knecht, aufgenommen 31. Octbr. 1868, ist mit Ausnahme von geringem Husten stets gesund gewesen. Er gibt zu Potator mässigen Grades zu sein. Den 17. Octbr. 1868 erkrankte er mit einem Frostanfall; der den ganzen Tag angedauert und sich am folgenden wiederholt haben soll, mit Stichen in beiden Seiten, namentlich rechts, sowie mit Athemnoth, Husten und Auswurf, über dessen Aussehen er nichts anzugeben vermag. Seitenstiche und Dyspnoe haben sich seitdem gebessert. Seit dem 20. Octbr. besteht angeblich nach einer Arznei Durchfall, der anfangs 4—5mal (täglich) sehr reichlich da war, später häufiger aber spärlicher wurde. Während der ganzen Krankheitsdauer soll

anhaltend Hitze, nur wenige Male leichtes Frösteln dagewesen sein.

1. November. stat. praes.: Patient wenig kräftig gebaut, schlecht ernährt. Haut trocken, heiss, von schwefel-
gelber Farbe. Sclerotica stark icterisch. Lippenschleimhaut
stark geröthet; nach Wegdrücken des Blutes zeigt sie ebenfalls Gelbfärbung. Gesichtzüge etwas verfallen. Stirnkopfschmerzen. Sensorium klar (in der vergangenen Nacht leichte
Delirien). Kein Tremor artuum.

Thorax zeigt unter der r. clavicula (mit welcher Partie
sich Patient beim Wagenschieben stark entgegengestemmt
haben will) eine leichte Abflachung; sonst ist er gut proportional.

Respiration: Costo-abdom. mit Betheiligung der Hals-
musculatur; bei tiefer Inspiration bleibt die r. Toraxhälfte
sehr deutlich zurück. In der r. Seite mässige Stiche.

Untere Lungengrenze in der l. Parasternallinie am untern Rand der 5. Rippe hinten am Ansatz der 12. Rippe
Percussionston l. voll, stellenweise mit tympanitischem Beiklang.

R. ist der Ton über und unter der clavicula höher und
kürzer als l., mit leicht tympanitischem Beiklange, weiter
nach unten wird der Schall noch höher und stärker tympanitisch bis zum oberen Rand der 6. Rippe.

In der Achselgegend bekommt man oben tiefen Schall,
der nach unten zu höher wird bis zur 6. Rippe, wo er stark
gedämpft wird. r. fossa supraspin. Schall tiefer als l.; im
l. S. R. keine bemerkliche Differenzen. Von der Höhe des
6. proc. spin. dors. wird der Schall r. bedeutend höher und
kürzer mit einer Spur tympanitischen Beiklanges; in den
untersten Thoraxpartieen zwischen Rippenwinkel und Axillarlinie bis zur 7. Rippe herauf absolute Dämpfung.

Fremitus. V.: r. beträchtlich stärker wie l.; ebenso H.
oben. In den oberen Partieen der Dämpfung ebenso stark
wie l., in der untern r. schwächer wie l. Nach starkem

Husten und Expectoriren ist der Fremitus über der ganzen
Dämpfung verstärkt, nur nicht in der Axillarlinie, wo er
schwächer bleibt als l.

Auscultat. r. V. oben normales Athmen, von der 6.
Rippe ab wird das Athmen leiser und weicher, kaum schlür-
fend zu nennen; auch hört man etwas Exspirationsgeräusch.
r. H. oben Vesiculärathmen mit ein wenig verlängerter Exspiration. Ueber der ganzen Dämpfung bronchiales In- und
Exspirium ohne Rasseln. l. überall Vesiculärathmen, über
der Spitze schärfer, nach unten zu weicher. II. unten In-
und Exspirium bronchial (fortgeleitet).

Sputa grünlich-braun, theils dunkler, theils heller; die
dunkleren sind mehr trübe, die helleren gallertartig durch-
scheinend von ziemlich zäher Consistenz, reichlich mit Luft-
blasen vermischt. Bei Zusatz von Acid. nitr. crud. färben
sich die Sputa weisslich-blau.

Cor normal. — Halsvenen schwellen beim Husten an.
Radialpuls von mittlerem Durchmesser, ziemlich hoch, Span-
nung gering, leicht dicrotisch. Arterienrohr leicht verdickt,
nicht geschlängelt. Leber reicht bis zum oberen Rand der
6. Rippe, überragt in der Mamillarlinie den Rippenbogen um
1 Ctm., in der Mittellinie 8 Ctm. unter der bas. proc. xiph.,
geht nach l. 10 Ctm. über die Medianlinie hinaus. — Milzdämpfung bis zur Mitte der 8. Rippe.

Stuhlgang sehr häufig, theils ganz dünn, theils breiig. —
Urin sauer, 1017, Gallenfarbstoff, Spuren von Albumen.

Temp.: Mrgns. 38,4, Ab. 39,4. — Puls: Mrgns. 96, Ab. 102.

Med.: Dect. cort. Chinac 10—200.

Extr. nuc. vom. 0,4.

Mds. 2stdl. 1 Essl.

2. Nov. Morgen: Puls: 96. — Temp.: 39. — Resp.: 54.
In der Nacht leichte Delirien, jetzt Sensorium frei. Dämfung
II. r. reicht etwas weiter nach oben, ebenso das Bronchialathmen, sonst stat. idem in pulmon. — Stuhlgang noch sehr
häufig, mit einigen blutigen Beimengungen.

3

Abend: Puls: 108. — Temp.: 39,4. — Resp.: 42. —
Noch mehrere dünne Stuhlgänge.
Med.: Kleisterklystier mit Tr. opii spl. gtt. 15.
3. Nov. Morgen: Puls: 108. — Temp.: 38,8. — Resp.: 48
Noch 4 dünne hellgelbe Stuhlgänge mit blutigem Schleim..
V. in der r. Parasternallinie auf der 5. Rippe bruit de pot.
felé: ' die Dämpfung H. bis zum Niveau des 3. proc. spin.
dors., ebenso hoch das Bronchialathmen. Unten eine leichte
Aufhellung etwa 3 Finger breit.
Abend: Puls 116. — Temp.: 39. — Resp.; 52.
Morgen: Puls: 102. — Temp.: 38,6. — Resp.: 52.
4. Nov. In der Nacht Delirien. Seit gestern 5 dünne
Stuhlgänge mit blutigen Beimengungen und weissen mem-
branartigen Fetzen. — Die Aufhellung H. r. unten bis zur
Mitte des I. S. R. — Fremitus über der ganzen Dämpfung
stärker wie l. — Ueber der Dämpfung oben reichliches,
feuchtes, ziemlich kleinblasiges, consonirendes Rasseln neben
lautem Bronchialathmen; über der aufgehellten Partie unbe-
stimmtes Athmen mit Crepitiren. Unter der r. clav. rauhes
Athmen zuweilen mit catarrhalischem Geräusch. — Bauch
etc. wie früher.
Med.: Dect. Chin. 10—20.
Liq. ammon. anis. 5.
Mds. 2stdl. — Vinum.
Clysma mit Tr. opii spl.
Abend: 4 Stuhlgänge im Laufe des Tages.
Puls: 108. — Temp.: 39,2. — Resp.: 52.
Med.: Clysma.
5. Nov. Morgen: Puls: 102. — Temp.. 39. — Resp.: 48.
In der Nacht 11 mal Stuhlgang. Leichter Collaps. r. V. über
der Leber leises bronchiales Athmen mit reichlichem Crepi-
tiren. Unterhalb der clav. schwächeres Athmen wie gestern,
unbestimmt. Percussion: V. r. höher und kürzer als früher,
aber nicht absolut gedämpft. H. r. ist die Resolution weiter
gegangen; sehr reichliches Rasseln. H. l. kein Bronchial-

athmen mehr zu hören. — Urin sauer, ohne Albumen, Gallenfarbstoffreaction.

Abend: Puls: 108. — Temp.: 3⁰. — Resp.: 48.
Im Laufe des Tages 6 mal blutiger Stuhlgang von mehr breiiger Consistenz.

Med.: Clysma mit Op.
Dect. cort. Chin. reit.

6. Nov. Morgen: Puls: 126. — Temp.: 39. — Resp.: 54. In der Nacht wieder Delirien; 10—12 Stuhlgänge. H. über der Spitze Dämpfung und Bronchialathmen; sonst stat. id. Collaps.

Med.: rect.

Abend: Puls: 112. — Temp.: 38,6. — Resp.: 52.

7. Nov. Morgen: Puls: 132. — T.: 38,8. Urin, 1020, sauer, ohne Albumen, Gallenfarbstoffreaction. Harnsaure Sedimende. 8 mal Stuhlgang. — In der Nacht wenig Delirien, jetzt starker Collaps. — Lautes Trachealrasseln; auch l. H. reichliches Rasseln (von r. fortgeleitet). H. l. keine Dämpfungen.

Med.: Acid. benzoic. 0,3.

Pat. stirbt um 10¹/₂ Uhr.

9. Nov. Sectionsbericht. (Obducent: Hr. Dr. Langhans.) Grosser Körper, schlechte Ernährung, fast kein panic. adipos. Todtenstarre noch nicht ganz gehoben. Bauchdecken eingezogen, leicht grünlich, Haut und Conjuct. mässig gelb. Magen liegt sehr tief, grosse Curvatur reicht unter den Nabel, desgleichen Colon transvers. Netz fettarm. Dünndarm fast ganz im kleinen Becken, mässig weit. Fast kein Serum in der Bauchhöhle.

Brusthöhle. l. Lunge nur wenig contrahirt, in der Pleurahöhle wenig blutige Flüssigkeit. Im Umfang des unteren Lappens, besonders der hinteren Partie leichte Verklebungen. r. Lunge gar nicht contrahirt, gering verklebt. Im Herzbeutel ein paar Esslöffel dunkelgelbes, bräunliches Serum, Herz ziemlich gross, l. ein Sehnenfleck, r. sehr viel

3 *

gut geronnenes Blut, l. desgl. mit gelblich gefärbter Speck-
haut; in den grossen Arterien starke Fibrinausscheidungen.
An den Valvul. nichts Besonderes, desgl. am Endocard., das
nicht icterisch ist. (Inhalt der Aorta normal.) Herzfleisch
fest, dunkel gefärbt, von normaler Transparenz.

l. Lunge nur in den oberen Partieen beider Lappen
und in der vorderen Partie beider Lappen gut lufthaltig,
ebenso die ganze Basis des unteren Lappens; die übrigen
Partieen zeigen auf der Pleura ganz dünne Fibrin-Beschläge
von leicht körniger Beschaffenheit, die sich ziemlich leicht
abstreifen lassen; darunter die Pleura glatt; Pleura trocken,
stellenweise kleine Ecchymosen. Beide Lappen verklebt.
Diese Verdichtung beginnt etwa 3″ unter der Spitze dort,
wo sich der untere Lappen über den oberen legt, und bleibt
von der Spitze des oberen Lappens auch fast 3″ entfernt;
die grösste Breite beträgt von der Fissur an gerechnet 2″.
Die oberen Partieen des oberen Lappens sind mässig blutreich, Oedem. Die nach dem unteren Lappen zugewandten
Theile sind etwas derber, nicht mehr lufthaltig, graugelb mit
schwarzem Pigment gesprengt, stark körniger Schnittfläche,
von der sich eine spärliche, trübe, schmierige Flüssigkeit abstreifen lässt; nur die hintere Partie etwas blutreicher. Die
Spitze des unteren Lappens, in einer Ausdehnung von 2,5″
am hinteren Rande gemessen, ist hyperämisch, oedematös,
aber nicht infiltrirt. Weiter unten folgt eine Infiltration, die
zum Theil zu vollständiger Luftleerheit geführt hat, nur
durchgängig mehr hyperämisch als im oberen Lappen; blut-
reiche Partieen (rothe Hepatis.) wechseln mit blutleeren
(graugelbe Hepatis.) ab. Diese Verdichtung bleibt etwa ⁵/₄″
vom unteren Rande entfernt. Vollkommen luftleeres Gewebe
erreicht die Oberfläche nur in einer Strecke von etwa 2″
vom hintern Rande an gerechnet. Nach vorn und nach der
Fissur zu liegt zwischen der Verdichtung und der Peripherie
des Lappens hyperämisch-oedematöses, aber gut lufthaltiges
Gewebe. Die Stelle, wo die Verdichtung an die Oberfläche

tritt, ist etwa 4″ von der Spitze des unteren Lappens entfernt und höher oben 1,5 — 2″ vom Rande der Fissur. In
den Bronchien blutige Flüssigkeit, Mucosa stark geröthet,
nur aus einzelnen Bronchien dringt eine zäh-schleimige, etwas
trübe Masse in grösserer Menge heraus. Die r. Lunge
colossal ausgedehnt, überall verdickt, fest, an unteren Theilen
des vorderen Randes und mittleren Partieen des oberen
Lappens sehr dicke fibrinöse Auflagerungen; unter denselben die Pleura stark injicirt und trübe. Pleura an der
Spitze wenig verändert, sonst trocken, trübe, mit geringen
fibrinösen Schichten bedeckt. Geringe Ecchymosen und starke
Injection auf derselben. Der obere Lappen fast überall verdickt, nicht mehr lufthaltig, nur an der Spitze in geringem
Umfang ein mit schaumigem Oedem gefülltes Gewebe. An
der Spitze auf dem Durchschnitt ungewöhnlich breite Binde-
gewebszüge, die weiter unten fehlen. (Vergl. stat. praes.
rétrécissement). Der übrige Theil ist im Ganzen von grau-
weisser Farbe, wenig bluthaltig, körniger Schnittfläche, von
der sich nur sehr wenig trüber Saft abstreifen lässt. Der
untere Lappen ist ähnlich dem obern, nur bedeutend blutreicher. Auf einer gerötheten grauen Fläche treten mit un-
gewöhnlicher Deutlichkeit kleine, weisse, gelbe, über das
Niveau erhabene Knötchen auf. Beim Einschneiden deut-
liches Knistern, ebenso bei Druck, bei dem sich leicht schaumige Flüssigkeit aus der ganzen Schnittfläche ergiesst. Feine
Schnitte schwimmen. Diese geht nach oben bis ³/₄″ von der
Fissur zwischen dem oberen und unteren Lappen. Dort
wird die Schnittfläche ganz ähnlich der des oberen Lappens
und schwimmt ein feines Stückchen auf dem Wasser nicht
mehr. In den grossen Bronchien eine gelbliche zähschlei-
mige Flüssigkeit. Mucosa derselben bis in die feineren Aeste
hinein, die zum Theil etwas dilatirt sind, ist geröthet, in den
capillären Bronchien ein mehr eiteriger Inhalt. Der mittlere
Lappen ist in seinen vorderen Theilen etwas weicher, die
trübe Flüssigkeit in demselben noch schaumig, überhaupt

hat hier die Infiltration einen mehr lobularen Charakter, ein
keilförmig gestellter Heerd durch eine intensiv helle, gelb-
weissliche Demarcationslinie abgegrenzt und in der zuführ-
renden Arterie ein adhaerirendes, etwas erweichtes Gerinnsel.
In dem Rachen viel zäher gelber Schleim, in der ganzen
Trachea ein zäher, schaumiger, intensiv gelblicher Schleim.
Die Schleimhaut mässig geröthet, sonst keine Veränderungen.
Bauchhöhle. Milz klein, schlaff, Capsel leicht gerunzelt. Parenchym weich, breiig, blutarm. Fett gut entwickelt, ebenso Trabekeln. In der l. Nebenniere ist fettige
Infiltration der Rinde. l. Niere ziemlich gross, Capsel leicht
abziehbar, Oberfläche glatt, Gewebe ausserordentlich blutreich, sehr fest, in der Rinde keine Trübung; in einer Mark-
pyramide ein kleines Fibrom. flex. hep. coli mit vesic. fell.
und Leber verwachsen. r. Nebenniere wie l. r. Niere wie
l., nur scheint hier an einigen Stellen an der Basis der Pyramide die Niere etwas gelb und leicht getrübt. Glomeruli
nicht injicirt.

Magen sehr weit, enthält gelbliche Flüssigkeit, auf der
Mucosa ein dünner Schleimbelag, sonst von gutem Aussehen.
Im Duodenum galliger Inhalt in geringer Menge. In der
vesic. fell. sehr wenig Galle, doch lässt sich durch Streichen
längs des duct. choled. eine bräunliche Galle mit leichter
Mühe entleeren. Duct. choled. scheint beim Aufschneiden
sehr weit; Mucosa stark gallig gefärbt, mit Ausnahme einer
9 Mm. langen Stelle an der Mündung. Die Galle in der
Gallenblase ebenfalls dick, dunkelbraun. Leber gross, 29
Ctm. breit, davon r. 18 Ctm., daselbst 22 lang, l. 15, 8 Ctm.
dick. Oberfläche glatt, an einzelnen Stellen eine leichte stern-
förmige Verdickung des Periton. Einige Partieen der Oberfläche sehr blutarm und stark icterisch; sie umfassen aber
nur wenig oberflächliche Acini. Uebrige Substanz ziemlich
fest, blutreich. Eine icterische Färbung nicht mit Deutlichkeit zu erkennen. Die Centra der Acini sind etwas depri-
mirt, dunkelbraun, Peripherie heller, doch nicht sichtlich ge-

trübt. Mesenterialdrüsen zähe, etwas blutreich. Harn-
blase ist contrahirt, enthält nur wenig Urin. Mucosa leicht
trabeculär, mässig injicirt. In dem unteren Theil des Rec-
tums ein trüber grauröthlicher Schleim, Mucosa ist gewulstet,
fleckig injicirt, aber keine Defecte. Im oberen Theil des
Dünndarms etwas breiiger, galliger Inhalt in mässiger
Menge, der nach und nach etwas dicklich wird. Ein etwas
dünnerer, aber noch galliger Inhalt im Colon ascend.; erst
in der Gegend der flexur. lienal. verliert sich die gallige
Färbung und es tritt ein trüber grau-rother Schleim auf.
1 Ascaris im Dünndarm. In dem obersten Theil des Jejun.
sind Falten über der Mucosa sehr stark geröthet, an wenigen
Stellen Hämorrhagien. Mässige Schwellung der Falten der Mucosa. In den unteren Theilen wiederholt sich die Röthe
stellenweise, während die zwischenliegende Mucosa mehr blass
erscheint. Die stark rothen Flächen wiederholen sich im
Ileum spärlicher. Weder an den Follikel, noch an den Pla-
ques etwas Besonderes. Im Anfangstheil des Colon fehlen
die Röthungen, Schleimhäute sogar blass. Im weiteren Verlauf erscheint die Mucosa coli nur ganz leicht gequollen und
mässig injicirt.

Microscopischer Befund. (Hr. Prof. Mannkopff.)

Leber. In den Centren ziemlich hyperämisch. Die Zellen
in schmalen Streifen in der Pfortaderzone voll grosser Fett-
tropfen; im Uebrigen ist das Gewebe ziemlich blass, zum
Theil fast gar kein, zum Theil wenig Fetttröpfchen, seltener
reichlichere Fettmassen enthaltend; in einigen etwas kuge-
liges dunkelbraunes Pigment. In der Mitte der Leberläpp-
chen (Lebervenenzone) ist diffuse icterische Färbung ganz
ausser allem Zweifel; überall sieht man in der Mitte die
citronengelb gefärbte Partie, zum Theil von Acid. acet.-Zusatz
von der Hyperämie etwas verdeckt, nach Acid. acet.-Zusatz rein
gelb, dann verhältnissmässig blasse Zone, und nach aussen
die schmale dunkle Zone derselben viel Fett haltenden Leber-
zellen. Meist stossen diese Zonen, die mehreren Leberläpp-

chen angehören dicht aneinander, mitunter sind sie durch
breite Bindegewebsinterstitien getrennt; hier aber
sind fast immer grössere Pfortaderäste etc. erkennbar; hiernach ist eine interstitielle Bindegewebswucherung nicht anzunehmen.

Niere: blutreich in beiden Substanzen, in der Rinde, in
den Capillaren, Glomerulis und grössen Gefässen.
Das interstitielle Gewebe derb, ziemlich venen-
reich, aber keine frische Wucherung. — Das Epithel ist
mässig trüb, in der Rinde etwas mehr; nach Acid. acct.-Zusatz
Aufhellung in den einzelnen Canälchen, starke Verfettung.
In vielen Canälen beider Substanzen icterische Färbung. An
einzelnen Glomeruli hafteten einzelne Fettklümpchen; Epithel
der glomeruli?

Epicritische Bemerkung. Die infiltrirten Partieen der
l. Lunge lagen theils mit so geringer Fläche der Thorax-
wand an, theils gerade hinter der fossa infraspin., theils bedeckt von lufthaltigem Gewebe, dass es sich so daraus er-
klärt, dass sie bei Lebzeiten durch tief-laut-tympanitischen
Schall angedeutet waren. Das bronchiale Exspirium was
Anfangs l. unten zu hören war, ist entschieden als fortge-
geleites aufzufassen, da es später bei Aufhellung des Schalles
r. unten nicht mehr l. gehört wird.

Zuletzt will ich noch kurz die noch nicht erwähnten
Complicationen der Pneumonie hier anführen. Unter
Complication begreife ich natürlich nur die secundär zur
Pneumonie hinzugetretenen Erkrankungen anderer Organe
des menschlichen Körpers; nicht etwa schon vorhandene
meist chronische Leiden, zu welchen eine Pneumonie dann
secundäre Erkrankung, Complication wäre.

Unter den Genesenen war am häufigsten die Pleuritis
Complication der Pneumonie, d. h. nur diejenige Pleuritis, die
durch physikalische Untersuchung nachgewiesen wurde, nicht
diejenige, welche im Beginn oder Verlauf sich blos durch
subjectives Seitenstechen verrieth. Sie kam 8 mal vor; 5 mal

war sie eine exsudativa, durch Percussion und Fremitus diagnosticirte, 3 mal eine mehr trockne mit fibrinösen Auflagerungen, wie aus dem sie charakterisirenden Reibegeräusch geschlossen werden musste. Diese letzte Form der Pleuritis wurde, wenn sie auf derselben Seite wie die Pneumonie Platz ergriffen hatte, stets erst mit beginnender Resolution erkannt; bei anderweitigem Sitze hingegen auch häufig schon früher bemerkt. Die Pleuritis exsudat, war oft schon in den ersten Tagen als Complication nachgewiesen. Wie schon oben erwähnt, war in 2 Fällen in dem Vorhandensein des pleuritischen Exsudats der einzige Grund eines längeren Fieberverlaufs und eines unregelmässigen Abfalles desselben zu suchen.

Heftigere Bronchitis complicirte nur in 2 Fällen die Pneumonie, deren Verlauf sie einmal in die Länge zu ziehen schien.

Angina catarrhal. war nur in einem Falle ziemlich heftig aufgetreten.

Von den Pneumonieen mit günstigem Ausgang bin ich nun leider nicht im Stande noch weiter beobachtete Complicationen anzuführen. Erwähnenswerth ist vielleicht noch folgender Fall:

Ein 20jähriger Bursche war mit einmaligem Schüttelfrost etc. an rechtsseitiger Pneumonie erkrankt, zu welcher eine Pleuritis exand. hinzutrat. Während des ganzen Verlaufs der Krankheit waren „Nackensteifigkeit“, „Behinderung der activen Nickbewegungen“, „bis in die Zehen ausstrahlende Schmerzen bei passiven Bewegungen im Genick“, ebenso „heftige Schmerzempfindung bei Druck auf sämmtliche proc. spin. cervic.“, vorhanden. Stirnkopfschmerzen waren gleichzeitig, aber nur von mässiger Heftigkeit zu constatiren. Die Krankheit verlief sonst ohne wesentliche Störungen und entschied sich kritisch am 8. Tage. Mit der Krisis nahm die Intensität der erwähnten Erschei-

nungen etwas ab, so dass nach dieser Zeit noch einige Tage
hindurch nur passive Nickbewegungen, sowie Druck auf die
proc. spin. cerv. schmerzhaft waren; auch diese Erscheinungen
verloren sich mit der zunehmenden Reconvalescenz. Merk-
wurdig ist, dass genau zu derselben Zeit mit dem Auftreten
dieses Falles mehrere Jäger vom hiesigen Bataillon (11) an
unzweifelhaftem Ileo-Typhus erkrankten, die alle ganz genau
die oben erwähnten Cerebro-Spininalsymptome boten.
In den 12 Fällen mit lethalem Ende war die complicirende Pleuritis exsud. 4 mal aufgetreten, in einem
Falle hatte das Exsudat schon einen mehr eitrigen Charakter
angenommen. Nur 1 mal war eine sehr ausgedehnte Bronchitis sinist. Begleiterin einer rechtseitigen Pneumonie.
Dreimal endlich war Meningitis cerebro-spinalis
verschiedenen Grades, die zum lethalen Ende führende Complication. In einem dieser 3 Fälle, einer biliösen typhoiden
Pneumonie waren trotz sehr intensiven und vorgeschrittenen
meningealen Entzündungen anfangs gar keine und erst kurze
Zeit vor dem Tode sehr unbestimmte Symptome, die auf
jene zurückzuführen sind, zur Beobachtung gekommen. Die
Krankengeschichte dieses Falles füge ich unten bei. In den
beiden andern Fällen konnte wenigstens mit grosser Wahr-
scheinlichkeit 1 mal aus vorhandenem Kopfschmerze, Nackensteifigkeit und Schmerzempfindung beim Druck auf die proc.
spin. cerv. eine beginnende und das anderemal eine ausge-
sprochene eitrige Meningitis cerebrospinalis schon bei Lebzeiten diagnosticirt werden. Die Erscheinungen in letzterm
Falle, die zur Diagnose: Meningitis cerebrospinalis Veranlassung geben, werden in folgendem Satz der Krankengeschichte angeführt: Patient liegt verfallen und somnolent
da; er delirirt viel und klagt beim Aufrichten über
Schmerzen im Nacken; auch greift er öfter mit
beiden Händen nach dem Kopf, der stark nach
hinten übergebeugt ist. Es ist unmöglich, wegen zu grosser, dem Patienten verursachenden

Schmerzen passive Dreh- und Nickbewegungen
auszuführen. Die l. Pupille weiter als die r.;
reagiren aber beide. — Es folgt die erwähnte Krankengeschichte:

Johannes Wind, 31 J., Steinschläger, aufgenommen den
9. November 1868.

10. Novbr. Patient, Potator, will bereits früher 2 mal
Lungenentzündung überstanden haben, vom 3. bis 17. Juli
1868 wurde er in hiesigem Krankenhaus an einer rechtsseitigen Pneumonie mit Delirien behandelt und musste auf
seinen dringenden Wunsch noch ehe die restitutio in integr.
vollendet war entlassen werden. Am 5. Novbr. erkrankte er
von Neuem Morgens bei seiner Arbeit mit einem heftigen,
ca. 2 Stunden anhaltenden Schüttelfrost, der ihn zwang sofort das Bett aufzusuchen. Den folgenden Tag trat Husten
und reichlicher Auswurf ein, der meist gelblich, einmal auch
mit Blut vermischt gewesen sein soll, von dems. Tag gesell-
ten sich Seitenstechen und Athemnoth hinzu. Der Husten
mit Auswurf sowie das Seitenstechen haben seit gestern nach-
gelassen; Athemnoth dagegen besteht fort. P. 128.—T. 40,2,
R. 52.

10. Novbr. status praes.: Patient von mehr als mittlerer Grösse, ist leidlich genährt; schwach entwickelte Musculatur. Das Gesicht dunkel geröthet, von etwas leidendem
Ausdruck, Hautfarbe schmutzig braun, Temperatur erhöht.
In der Nacht viel gestöhnt, keine Delirien, Sensorium am
Morgen vollständig frei. Er gibt sogar sehr speciell über die
Anamnese Auskunft. Auch keine Klagen über Erscheinungen
von Seiten des Nervensystems. Beim Aufrichten im Bett
nichts Auffallendes.

Thorax zeigt keine Deformitäten und hebt sich bei den
oberflächlichen Respirationen beiderseits gleichmässig.

Percussionston über der r. Lunge in der fossa infraclav.
bis zum unteren Rand der 2. Rippe etwas gedämpft, tympanitisch; von da ab nach unten ein mässig tiefer lauter

Lungenschall mit deutlich tympanitischem Beiklang. Untere
Lungengrenze r. in der Mammillarlinie bis zum obern Rand
der 7. Rippe. Percussionston über der l. Lunge tiefer, etwas
voller als r., aber weniger tympanitisch; Lungengrenze in
der l. Parasternallinie am oberen Rand der 5. Rippe. H. in
der r. fossa supraspin. kurz, hoch und ziemlich leer, desgl.
in der oberen Hälfte des I. S. R., von da ab bis zur 9. Rippe
normal. — l. in der fossa suprasp. tiefer wie r. mit tympanitischem Beiklang; im oberen Theil des l. I. S. R. bis zur
Höhe des 4. proc. spin. dors. etwas tiefer und voller und
ebenfalls etwas tympanitisch, von da ab bis zur unteren
Lungengrenze fast völlig leerer Schall.

Auscultation. Ueber der r. Spitze hört man v., soweit
die oben erwähnte Dämpfung reicht, namentlich bei der etwas
prolongirten Exspiration unbestimmtes Athmen; dasselbe ist
etwas leiser, wie das über den übrigen Partieen der V. r.
Thoraxhälfte hörbare, etwas rauhe vesiculäre Athmen, bis-
weilen ist das letztere von Pfeifen und Schnurren begleitet.
Auch hört man einige kleinblasige, ziemlich trockne, wenig
consonirende Rhonchi. l. V. bis zur 4. Rippe lautes Vesiculärathmen, bei der Inspiration etwas verschärft mit Rasseln. Im 4. u. 5. I. C. R. bis zum untern Rand der 7. Rippe
und bis zur Axillarlinie unbestimmtes Athmen, bei der Inspiration etwas rauh. Von da ab, nach H. zu Bronchialathmen, während sich nach V. zu das unbestimmte Athmen
bis zur unteren Lungengrenze erstreckt. H. r. überall scharfes vesiculäres Athmen mit Ausnahme der fossa supraspin.
und dem oberen Theil des I. S. R., wo scharfes Bronchialathmen zu hören ist, und zuweilen in letzterem weniger scharf,
als in ersterer. Ueber der Dämpfung l. überall scharfes Bronchialathmen, in den unteren Partieen des l. I. S. R. und
weiter nach unten von deutlichem Crepitiren begleitet. In
der l. fossa supraspin. und den oberen Partieen des I. S. R.
etwas unbestimmt.

Fremitus. r. H. oben stärker wie an den gleichen Partien l.; über der Dämpfung l. dagegen stärker als über den entsprechenden Partieen r. Die tiefe Herzdämpfung überragt den r. Sternalrand nicht nach r. Spitzenstoss im 5. I. C. R. in der Parasternallinie am deutlichsten zu fühlen. Der r. Rand der oberflächen Herzdämpfung vom l. Sternalrand 1 Ctm. entfernt. Töne nicht deutlich; Puls weich, von hoher Welle, die beim Ansteigen eine leichte Einsenkung zeigt. Arterienrohr etwas dick, nicht geschlängelt. Abdomen etwas aufgetrieben, auf Druck überall empfindlich, sonst nicht schmerzhaft. Stuhlgang diarrhoisch. Zunge sehr trocken, rissig; Appetit schlecht. Organe des Abdomens normal. Subject. Klagen bestehen über einige Kopfschmerzen und starken Durst. Seitenstechen besteht in ruhiger Rückenlage nicht, doch vermag Patient weder auf der r. noch l. Seite zu liegen. Husten erfolgt mässig oft und ist von einem sehr luftreichen, theils weisslichen, theils gelblichen Sputum gefolgt; deutlich rostfarben ist dasselbe nicht.

Morgen: Puls: 124. — Temp.: 40,4. — Resp.: 52.

Bei der Abendvisite keinerlei Veränderung.

Med.: Dect. cort. Chinae reg. 10 — 200.

Extr. nuc. vom. 0,4.

2 stdl. 1 Essl.

11. Novbr. Puls: 108. — Temp.: 40,4. — Resp.: 40.

Pat. liegt comatös im Bett mit stöhnender, beschleunigter und oberflächlicher Respiration. Dieser Zustand hatte sich im Laufe der Nacht ausgebildet; Delirien sind entschieden demselben nicht vorausgegangen. Augen halb geschlossen; Pupillen klein, auf der l. Linse eine beträchtliche Trübung.

Urin, sauer, 1014 spec. Gew., ziemliche Menge Albumen. Das Microscop zeigt im Urin ganz zarte, blasse Cylinder denen Epithelkerne anhaften. Durchfälle nicht mehr eingetreten.

. Med.: V. S. 13 Unc.

Puls, weit, hoch, ziemlich gespannt,

rad. Ipecac. pulv. 1.

dos. IV.

Die Ipecac. blieb ohne Erfolg. Beim Aufrichten des Pat. nichts Auffallendes, ebensowenig beim Hinüberbringen in das Bad. .Med.: Kalte Uebergiessungen im warmen Bade: vorübergehende Besserung. Lungenödem: Med.: V. S. von 12 Unc. Um 9¹/₂ Uhr Abends erfolgte der Tod. 12. Nov. Sectionsbericht. (Obducent: Hr. G.-R. Beneke.) l. Lunge ziemlich contrahirt, lässt das Herz in einer Länge von 10 Ctm., unten in einer Breite von 10, oben 4 Ctm. frei zu Tage liegen. l. Lunge adhärirt im oberen Theil durch frische, leicht trennbare Adhäsionen, hat ein beträchtliches Volumen und Gewicht und ist am unteren Theil des oberen Lappens und fast am ganzen unteren Lappen mit frischen Membranen und eiterigem Beschlage bedeckt, die leicht abzuziehen sind; in einem Theil des oberen Lappens beträchtliches Emphysem, blassgraue Färbung. Oberfläche des unteren, stark vergrösserten Lappens braunroth. Der ganze untere Lappen durchweg pneumonisch infiltrirt, zeigt eine körnige Schnittfläche und graugelbliche bis braunröthliche Farbe. Im oberen Lappen in den nicht emphysematösen Partieen starkes Oedem, und nur in der H. unteren Partie eine stärkere Verdichtung des Gewebes durch Exsudat. Bronchialdrüsen mässig geschwellt, zum Theil frisch infiltrirt. In den Bronchien findet sich ein schaumiger Schleim. Mucosa selbst beträchtlich geröthet. In den Gefässen finden sich lockere Fibringerinnungen (Leichenersch.), Wand selbst normal. Die Hepatisation des unteren Lappens ist eine sehr gleichmässige; in den hinteren unteren Partieen an einzelnen Stellen eiterige Schmelzung. r. Lunge am unteren Lappen durch ältere Adhäsionen befestigt; im oberen Lappen sehr frische Verklebungen; gleichfalls sehr .voluminös, und im

oberen Lappen bedeutend resistent; der mittlere emphyse-
matös, gut lufthaltig, der untere von teigiger Consistenz. —
Der ganze obere Lappen mit mässigen pseudomembranösen
Schichten bedeckt, erscheint am unteren Theil speckig gelblich gefärbt; die Membrane adhäriren fest. Am unteren
Lappen H. stärkere und ältere pleuritische Membrane; der
ganze obere Lappen auf der Durchschnittsfläche hepatisirt,
von graugelblicher Farbe mit einzelnen röthlichen Partieen.
Grenze genau am mittleren Lappen. Aus den grösseren
Bronchien quillt bei Druck ein eiterig-gelbgraues Fluidum.
Der mittlere Lappen erscheint auf dem Durchschnitt trocken,
lufthaltig, emphysematös. Der untere Lappen tief braunroth, stark hyperämisch-ödematös, aber fast durchweg lufthaltig. Bronchialdrüsen auch hier nur mässig entwickelt,
pigmentirt, zum Theil frisch infiltrirt. Bronchien stark gefüllt wie l.; Mucosa sehr hyperämisch, namentlich in den
grossen Stämmen.

Im Herzbeutel eine mässige Quantität leicht sauer rea-
girenden Serums. Innere Fläche desselben überall glatt.
Das Herz von beträchtlicher Grösse; besonders l. Ventrikel
sehr resistent, r. Ventrikel mit ziemlichen Fettlagen und
einigen Sehnenflecken bedeckt. Oberflächliche Venen, besonders l. stark gefüllt. Aus der Aorta lässt sich ein derbes,
theils gallertiges Fibrincoagulum hervorziehen. l. Ventrikel
ist hypertrophisch, während sein Lumen nicht abnorm weit
ist, die Wand hat eine Dicke von 21 (oben), 18 (unten) an
einer andern Stelle 22 Mm. Die Trabekeln sind wie die
Wand stark hypertrophisch; im r. Vorhof ein Fibrincoagulm.
Mitralis schlussfähig, mit nur leichten Verdickungen an ihrer
Fläche. Sehnenfäden normal. An den Aortenklappen und
zwar an der unteren Fläche derselben einige hahnenkamm-
förmige Excrescenzen und an einer derselben ein Thrombus,
der zum Theil missfarben und zerfallen erscheint, von leichten Gerinnungen überdeckt war, im V. Theil fest mit der
Herzwand verbunden ist. Die gesammten Klappen sind ver-

dickt und besonders an ihren Rändern sehr rigide. Auch Insertionsfalten sehr rigide und stark entwickelt. Das Endocardium nicht abnorm, Musculatur normal gefärbt, nur unmittelbar unter dem Visceralblatt des Pericardiums ganz leicht fettig. Innenfläche der Aorta durchaus glatt, ohne Atherom. Der r. Ventrikel enthält ein sehr derbes zähes Coagulum bis in die Pulmonal. und r. Vorhof. Die Wand ist durchaus nicht hypertropisch. Nur einzelne Trabekel nach dem l. Ventrikel zu, erscheinen so. An der dicksten Stelle ist sie 4 — 5 Mm. dick. Pulmonal. normal. Vorhof normal.

Milz sehr gross und weich, 22 Ctm. lang, 13 breit, 5½ dick. Capsel leicht gerunzelt, hie und da verdickt durch alte Processe. Oberflächlich wechseln hellröthliche und livide Lappungen. Einkerbungen an den Rändern. Schnitfläche bietet eine gleichmässige, hellgrauröthliche Farbe. Corpor. Malpigh. schwach entwickelt, Blutgehalt mässig, an einer Streke der Peripherie ein blutiger Infarct, wie überhaupt unter den lividen oberflächlichen Partieen eine starke Blutansammlung und hier und da ein kleiner Infarct erscheint.

l. Nebenniere sehr gross, Rand geschwellt und markig infiltrirt, Capsel leer. l. Niere von beträchtlicher Grösse, ziemlich Fettpolster; Länge 14 Ctm., Breite 5 — 6 Ctm. Capsel etwas schwer abzuziehen, adhärirt an manchen Partieen sehr stark. Oberfläche mit zahlreichen hyperämischen Gefässen, gelbgrauer Grundfarbe. An der Schnittfläche fällt die bedeutend dunkle Färbung der Pyramiden auf, doch ist auch die Rinde beträchtlich hyperämisch, die speckig gelbe Grundsubstanz mit hyperämischen Gefässen gesprenkelt. Breite der Rindensubsubstanz 7 — 10 Mm. Schleimhaut des N.-Beckens leicht hyperämisch mit mässigem Fettgehalt. r. Niere (ebenfalls mit grosser glatter Nebenniere); Rinde weniger geschwellt als l., mit grauröthlicher Grundfarbe. Consistenz der Niere wie l. Grösse beträchtlich, 13,5 Ctm. lang, 5 — 6 breit; Capsel leichter abziehbar; Oberfläche glatt,

sonst wie l., Zeichnung der Schnittfläche wie l. Mucosa pelvis
sehr blass.

Leber colossal voluminös, Breite: r. 19, l. 10 Ctm., Länge:
r. 28, l. 16, Dicke: r. 8 Ctm. Oberfläche glatt, leicht gesprenkelt, hie und da mehr gelblich oder livid röthliche Partieen. Schnittfläche von sehr schöner Zeichnung, Peripherie
Acini hyperämisch; grosse Gefässe und Gewebe selbst sehr
bluthaltig. Farbe derselben matt graugelb. Ueber den Fettgehalt lässt sich microscopisch nichts mit Bestimmtheit entscheiden. l. Lappen weniger blutreich als der r. und ist
bedeutend fester. Im Mesenterium, das ziemlich fetthaltig,
sind die Drüsen mässig geschwellt, weich, geringer Blutgehalt. Zwischen einzelnen Theilen des Colou Ileum und ältere
Adhäsionen.

Im Magen ein schaumig breiiger Inhalt von grauöth-
licher Farbe. Auf den Spitzen der Schleimhautfalten und
grossen Curvatur Ecchymosen, sonst glatt. Im Duoden. und
O. Theil des Jejun. ein gelblich schleimiger, eidotterähnlicher Inhalt und von der Mucos. selbst kleine ecchymos. Stellen. Die Hyperämie an einzelnen Stellen weiter ausgedehnt.
Der Inhalt bleibt ein eidotterähnlicher. Im ganzen duoden.
ziemlich lebhafte Injection, nirgends Schwellung der Drüsen
oder Substanzverluste. Im Ileum ebenfalls Hyperämie;
Inhalt mehr harzig; erstere noch beträchtlicher als im Jejun.;
Ecchymosen. Im unteren Theil mehr Blässe. Dieser Wechsel
reicht bis ans Ende des Ileum. Valv. Bauhini und Mucosa
unter derseben von aschgrau-grünlicher Farbe. Auch im
Colon asc. Muscosa ziemlich hyperämisch, mässig gelbe Faeces
von gelblicher Farbe.

Blase ist ausgedehnt; enthält einen goldgelben etwas
trüben Harn; durchaus keine Hyperämie.

Prostata sehr leicht hypertrophisch. — Im Rectum unten
harte, geballte gelbbraune Faeces.

Schädel, von mittlerer Stärke, derb. Die dura ziemlich
hyperämisch, entsprechend der Pfeilnaht sehr stark verdickt.

4

— 50 —

An beiden Hemisphären und zwar über die ganze vordere Hälfte derselben, sowie an der Basis des kleinen und Mittelhirns, am unteren Theil der mittleren Lappen findet sich in der Pia, ein eitrig seröser Erguss von gelbgrünlicher Farbe. Die Pia adhärirt an einzelnen Stellen der Gehirnsubstanz sehr fest; an anderen leichter abziehbar. Beim Abheben der Pia bleibt an einzelnen Stellen eine eitrige Exsudatmasse haften. An den hinteren Partieen ist die Pia durchsichtig, zart, nicht verdickt. l. Seitenventrikel mit einem trüben graugelblichen Serum erfüllt; etwas erweitert. Plexus sehr entwickelt. r. Seitenventrikel weniger dilatirt, nur im hintern Horn die obige Flüssigkeit.

Substanz des Hirns weich mit zahlreichen Blutpunkten; graue Substanz blässer als normal, an einzelnen Stellen gallertartig, sehr feucht; letzteres an den eitrig infiltrirten Partieen. Auch 3. Ventrikel reichlich mit Serum erfüllt, diese Füllung geht bis in den 4. Ventrikel hinein. Wand derselben ziemlich fest, derb, glatt. Im kleinen Gehirn nichts Abnormes; es ist blass, besonders in der Rinde. Die Substanz der Oliven und der Pons ist sehr blass; Corp. striat. sehr weich und zwar l. mehr als r. und beträchtlich bluthaltig.

(Von Herrn Prof. Mannkopff).

Bei Eröffnung des ganzen leeren Sacks der Duraspinal, die sehr prall gespannt ist, quillt die grau gelb, trüb aussehende gequollene Pia hervor. Die Gefässe derselben dadurch zum Theil ganz verdeckt, zum Theil verschleiert. An der Hinterfläche des Rückenmarks geht die eitrige Infiltration von oben bis unten, ist aber im Halstheil und untersten Abschnitt geringer als im oberen und mittleren Brusttheil. An der Vorderfläche ist die Infiltration auf die obere Hälfte beschränkt; unten nur leichte Trübung der Pia. An der Cauda keine Infiltration. Das Rückenmark von guter Consistenz; in beiden Substanzen blass; sonst von normalem Aussehen. — Microscopische Untersuchung:

— 51 —

Leber. Zellen etwas trüb, wenig Fett enthaltend, in den Centren der Läppchen braunes Pigment.

Niere. Mässige Trübung des Epithels der Rinde und Pyramiden; nach Acid. acet.-Zusatz nur feine Fettmolecüle vortretend. In einzelnen Harnkanälchen ein braunrother Detritus, anscheinend Blut, das in dieselben übergetreten, hier liegen geblieben und zerfallen ist. Das interstitielle Gewebe derb, ziemlich reich an spindelförmigen und ovalen Kernen; von frischer Kernwucherung ist nirgends etwas sichtbar.. Die Gefässe stark injicirt, an einigen Stellen kleine Hämorrhagieen in das Gewebe; stellenweise besonders in Verlauf von grösseren Gefässen schwarze Pigmentkörner.

Hiermit beschliesse ich das Gebiet der Pathologie der Pneumonie und gehe noch kurz auf die Therapie derselben ein, indem ich die über dieselbe hier gemachten Beobachtungen, sowie die Art und Weise, wie sie in hiesiger Klinik gepflegt wurde, nachfolgend mittheile.

Nur in den wenigen Fällen, in denen die Pneumonie ganz kurze Zeit nach dem Auftreten der ersten Symptome, wo noch keine deutliche oder eine nur geringe Infiltration zuerkennen war, zur Behandlung kam und für diesen Fall ausserdem der Kräftezustand des Patienten ein sehr guter, ein eingreifendes Verfahren gestattender war, wurde eine Abortivcur versuchshalber angestellt und zwar einmal durch einen Aderlass, ohne jedoch einen Erfolg davon zu sehen und das anderemal ebenfalls vergeblich mit grösseren Dosen von Tart. stib. Bei Pneumonien dagegen, die gleich Anfangs einen typhoiden Charakter nicht verkennen liessen, wurde natürlich an eine Coupirungsmethode gar nicht gedacht.

Wurden die Patienten erst etwas später bei schon nachweisbarer Infiltration aufgenommen, so wurde bei der Behandlung zunächst Rücksicht genommen auf den Allgemeinzustand, dann auf die Fiebersymptome, die Expectoration, pleuritische Schmerzen und etwaige Complicationen und dar-

nach entweder ein roborirendes, exspectatives oder sympto-
matisches Verfahren eingeleitet. War der Kräftezustand ein
schlechter, heruntergekommener, so wurde demselben mit
Chinadecocten, Wein, Bouillon aufgeholfen; war dagegen das
Allgemeinbefinden des Kranken ein gutes, die Erscheinungen
keine sehr schweren, so wurde ein säuerliches Getränk verabreicht. — Gegen das Fieber wurde gewöhnlich erst dann
eingeschritten, wenn dasselbe 40° Temperatur erreichte und
dann in den meisten Fällen Chin. sulph. in Dosen von
3 Decigrm. zur Zeit der Exacerbation des Fiebers so lange
gegeben, bis Ohrensausen erfolgte. Jedoch hat sich hierbei
das Chinin als ein sicher die Temperatur herunterdrückendes
Mittel nicht erwiesen. Von andern antifibrilen Mitteln wurde nur
in wenigen Fällen Digitalis, grössere Dosen von Tart. stib.
angewendet, ohne dass sich jedoch dem Chinin gegenüber
grössere Vortheile gezeigt haben. Zu Versuchen mit Vera-
trumpräparaten erschienen die Fälle nie recht geeignet.

Heftige Kopfschmerzen wurden mit kalten Umschlägen
und Eiskappen gut gelindert.

Bei stockender Expectoration wurden gewöhnlich reine
Expectorantien wie Ipecac. und Seneg. verabreicht; öfter auch
zugleich noch excitirend wirkende Mittel wie Liq. Ammon.
anis. und Acid. benzoic. angewendet. In einigen wenigen
Fällen mit bedeutender Ueberfüllung der Bronchien waren
Brechmittel von sehr gutem Erfolg. Starker Hustenreiz, der
den Patienten auch Nachts keine Ruhe gönnte wurde mit
Morph. oder kleinen Dower'schen Pulver zu bekämpfen gesucht.

Gegen Bruststiche wurden mit gutem Erfolg blutige wie
trockne Schröpfköpfe, Sinapismen und Cantharidenpflaster in
Anwendung gezogen. Kalte Umschläge und Eisblase wurden
in den wenigen Fällen, wo sie versucht wurden, schlecht ver-
tragen, während Prissnitz'sche Umschläge weit besser bekamen.

Vorhandenen Diarrhoen versuchte man zunächst durch
Kleisterklystiere zu stillen; wenn diese auch mit Tinct. Opii
gtt. X—XV versetzt im Stiche liessen, wurde öfter Extr.

nuc. vom. mit Erfolg gebraucht. Bestand neben denselben noch schlechter Appetit nach dem Heruntergehen des Fiebers fort, so wurde, wenn dies die übrigen Erscheinungen zuliessen, ein Dect. von rad. Colombo verordnet.

Bei einer längere Zeit stockenden Resolution war man bestrebt, derselben durch „P l u m e r's c h e P u l v e r", sowie durch „Emser Kräbnchen" nachzuhelfen u n d h a t m a n n a -m e n t l i c h v o n e r s t e r e n s e h r g u t e E r f o l g e g e s e h e n.

Bei der Pneumonie der Potatoren wurde, wenn es der Kräftezustand des Patienten erlaubte, gegen die Delirien mit Opium vorgegangen; während bei schwächlichen Individuen in diesem Falle Spirituosen und andere Excitantien in Anwendung gezogen wurden; wie oben bemerkt, endete keiner dieser Fälle mit dem Tode.

Gegen drohendes ausgesprochenes Lungenoedem schafften Aderlass, äussere Ableitungen und Excitantien (Camphor, Moschus, Acid. bez.) nur vorübergehende Erleichterung, während, wenigstens bei ausgesprochenem Lungenoedem, wenn bereits Cyanose, Somnolenz etc. eingetreten war, selbst die stärksten Emetica kein Erbrechen und somit keine Erleichterung bewirkten.

* 9 7 8 3 7 4 1 1 8 4 5 9 8 *